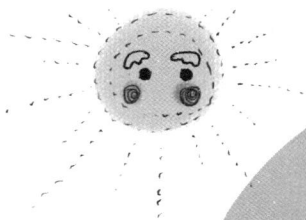

# 2~6岁
## 幼儿沟通心理学

☆ 方聆 著

中国纺织出版社有限公司

# 内 容 提 要

由于年幼的孩子语言发展有限，有很多感受和想法往往不知道如何表达，因此在与同伴、老师及家长相处的过程中总会出现诸多问题。本书从幼儿心理学的角度来讲述如何与2~6岁幼儿沟通，包括心理沟通、情感沟通、语言沟通、行为沟通等，以帮助家长更好地了解孩子的发育特点，以利于孩子更加健康快乐地成长。

## 图书在版编目（CIP）数据

2~6岁幼儿沟通心理学／方聆著. --北京：中国纺织出版社有限公司，2021.2
ISBN 978-7-5180-7843-1

Ⅰ．①2… Ⅱ．①方… Ⅲ．①婴幼儿心理学 Ⅳ.
①B844.12

中国版本图书馆CIP数据核字（2020）第168859号

---

责任编辑：江 飞 责任校对：高 涵 责任印制：储志伟

---

中国纺织出版社有限公司出版发行
地址：北京市朝阳区百子湾东里A407号楼 邮政编码：100124
销售电话：010—67004422 传真：010—87155801
http://www.c-textilep.com
中国纺织出版社天猫旗舰店
官方微博http://weibo.com/2119887771
天津千鹤文化传播有限公司印刷 各地新华书店经销
2021年2月第1版第1次印刷
开本：880×1230 1/32 印张：7
字数：124千字 定价：39.80元

---

凡购本书，如有缺页、倒页、脱页，由本社图书营销中心调换

# 前　言

## 感受内心深处的你

关于如何沟通，我想大部分人都没有认真去思考过。可能你会去学习如何与客户沟通，如何与同事沟通，但你会去学习如何与家人沟通，如何与孩子沟通吗？我们以为，只要做了父母，就自然拥有了亲子关系；只要会说话，就自然会与孩子沟通。尤其是幼儿，他们的世界那么简单，我还能不会和他沟通吗？

这还真是父母的自大。说教、训斥、冷暴力、给物质、要求听话，这就是沟通吗？就算没有这些，就是良好的沟通吗？那些自卑、自闭、叛逆，小小年纪就出现了心理问题的孩子究竟是怎么造成的？很大一个原因是父母不懂沟通。

简单来梳理一下，父母在和幼儿沟通时，存在以下几个重要问题：

不懂幼儿的心理。要与某个人、事、物建立关系，就必须去了解这个人、事、物。那么我们要与孩子建立良好的亲子关系，有深入地了解过孩子的心理吗？深入地了解过如何与孩子沟通吗？幼儿的心理最为简单，也最为深邃和脆弱。你研究过他们为什么那么容易哭闹吗？为什么那么黏人吗？为什么就是

愿意坐在地上把自己弄得脏兮兮吗？没有研究过，却只是一味地"不允许"，以为"听话"就能解决问题。这真的是儿童教育中的最大误解。"不听话"是幼儿成长过程中的一种正常的表现，但是有不少父母却每天在和幼儿就这个问题作斗争，这当然无法顺畅地沟通。

缺乏情绪管理能力。和不懂幼儿的心理一样，人大多都不太懂自己的情绪，但我们每天都在和自己的情绪相处。在还不懂如何与自己的情绪"沟通"的情况下，我们就开始与孩子沟通、相处，那么最终自己的情绪和孩子的情绪缠绕在一起，沟通就变成了"一锅粥"。每个人的情绪都需要一个出口，因为孩子是离父母最近的人，所以就不幸地沦为父母情绪的"出口"。在他们毫无防备，也几乎没有什么能力抵抗的情况下，孩子承受着父母情绪的伤害。我们很多人都没有上过情绪管理这一课，但只要我们想要建立一段和谐的关系，就需要补回这一课。让小小的孩子成为我们的陪练，这太残忍。所以，欲与孩子沟通，先学情绪管理。

把沟通变成控制的手段。哪里有控制，哪里就有反抗。没有任何一个生命可以在控制中活得很好。但批评、指责、说教、要求听话、刻意塑造都源于控制心理。为什么父母会把沟通变成控制的手段？因为父母还活在"一元关系中"。即父母只看到自己的意志，只感受到自己的感受，而看不到孩子的感受和意志，因此要求孩子按照自己的意志而活。这部分父母可以说还未完全走出幼儿时期的"全能自恋期"。但真正的关系是"二元关系"——一个人不但能看到自己的感受和意志，还能看到并照顾到别人的感受和意志。所以，没有"二元关系"意识的父母，就会把沟通变成控制孩子的手段。

简单总结一下：不懂幼儿心理，就是没有去研究过幼儿的感受；不做情绪管理，就是不顾孩子的感受；把沟通变成控制，就是看不到孩子的感受。那么这还是沟通吗？还能顺畅沟通吗？真正的沟通是，看到孩子的感受，感受孩子的内心，知道此刻，他是快乐还是悲伤，他想要什么，我该如何安慰他、满足他、回应他。同时，让孩子了解自己的感受，也能尽量给自己安慰、满足和回应。在这个过程中，父母和孩子都看到了对方的意志和感受，并能适当满足。这就建立起了真正的关系——二元关系。

愿我们都能通过沟通看到孩子的感受，通过沟通去感受内心深处的你——孩子。

方　聆

2020年5月

# 目 录

# 01

## 沟通：搭建和谐亲子关系的桥梁

　　良好的沟通是搭建和谐亲子关系的桥梁，但这个桥梁却常常被我们毁坏。原因是，沟通中充斥着控制和"塑造"。但幼儿无法完全按照父母的期待而活，所以，这条途径走不通。那么，有效的途径是什么呢？我们要了解幼儿和父母的心理特点、沟通特点，才能找到有效的途径。

# 活成谁的期待

沟通中最大的障碍来自这个问题——活成谁的期待？可以说，沟通中的大部分问题都是由这个问题衍生出来的。

有心理学家认为，人最大的幸福感来自良好的人际关系。心理学家武志红则认为，人只有生活在良好的关系中，才能实现能量的流动，才能有幸福的感觉。而沟通是建立关系的重要方式之一。能量、沟通、关系，这三者的关系是：能量被全然接受，沟通就顺畅；沟通顺畅，人际关系就和谐。

说教、批评指责、忽视敷衍、暴力，代表对方不接受你的能量；倾听共情、允许接纳，代表对方接受了你的能量。或者说，如果对方不接受你的能量，就会对你进行说教、批评指责、忽视敷衍；反之，则会用倾听共情、允许接纳这类更易于建立良好关系的方式与你沟通。

这里的能量包括正能量与负能量。负能量并不都是坏能量。负面情绪具有一定破坏性的活力和激情，以及"不符合他人期待"的言行，这些很容易被他人视为"坏能量"而不被接受。尤其是最后一点，很容易成为亲子沟通的障碍。

有个妈妈向我咨询，说儿子身上出现了很多问题。如拒绝做作业，放学后不回家并且不向父母报告行踪，不服从父母和老师的管教，不合群。这位妈妈还说，孩子从小就和别人家的孩子不一样。在幼儿时期，别人家的孩子见了大人都打招呼，亲热地叫"叔叔阿姨"，自己的孩子却从来不叫。她感觉很没面子，反复教导孩子要和别人打招呼，做个有礼貌的孩子。结果越教育孩子越不配合，每次遇到别人不是低着头，就是躲到一边。

爸爸认为孩子不听话，小小年纪就叛逆，总是训斥孩子。爷爷奶奶有时也加入训斥的阵营。妈妈虽然觉得训斥不妥，但也觉得孩子有问题，需要教育，所以并不阻止爸爸和爷爷奶奶的行为。现在，孩子和爸爸很少说话，和爷爷奶奶的关系也有点紧张。

妈妈向我咨询的时候，孩子刚好也在。我观察到，孩子不是独自待在角落看书，就是溜着墙边玩，和妈妈之间的状态也不像大多数孩子和父母那般亲昵。

不和别人打招呼、不听话，这些不符合父母期待的言行被视为是"坏"的，所以不被接受。这时，妈妈的沟通方式是说教，爸爸、爷爷奶奶的方式是训斥。而孩子通常有两种反应，一种是接受父母的"教育"，把那个"坏我"压抑在潜意识里，变成能够被父母接受的"好我"。于是在父母的眼里就变成了听话、好沟通的孩子。另一种是不接受父母的"教育"，反而更加叛逆地将"坏我"展现出来。于是在父母眼里就变成了难以沟通的坏孩子。这时，亲子关系就会出现摩擦、冲突，变得紧张。这位妈妈和儿子之间就是后者。

活成谁的期待？这是一个生命课题。如果可以选择，每个人都想活出自我。但如果只有"好我"被接受而"坏我"不被接受，人就无法活出"自我"。那些叛逆的孩子，与其说是叛逆，不如说是想要活出自我的欲望更强烈，他们是在通过叛逆来争夺对自我的控制权。而父母则是通过"你必须活成我期待中的样子"来争夺对孩子的控制权。这是沟通不畅、亲子关系紧张的一个重要原因。

这种例子比比皆是。

网络上有这样一则视频，视频中一对母女正在对话。母亲皱着眉头、表情沉重、痛心疾首地对女儿说："我心目中的孩子不是这样的，我心目中的好孩子听话、不会和妈妈犟嘴、不会惹妈妈生气、不会让妈妈伤心。"

和许多妈妈一样，这位妈妈在用"好孩子"的标签来控制孩子满足她的期待。这是一种隐性控制，有时连成人都意识不到。如"好妻子""好丈夫"，我们会认为这是为了让我们变得更好。孩子就更意识不到了，但他们能感觉到因此衍生出的强硬、恶劣的沟通方式使他们不舒服。就像视频中的女儿，她一直哭着反复对妈妈说："就算我惹你生气了，你也不该那样对我，那样骂我。"

同时，不符合父母期待的样子就会被定义成"坏我"也很让孩子崩溃。为什么一定要和别人打招呼？为什么我必须听大人的话，否则我就是不好的？这是造成一些孩子心理问题和行为偏差的重要原因。

在成人之间，一旦用自己的标准去要求他人，必然遭到他人的反抗。这时我们可能还会反省一下——不能越界。但面对孩子，尤其是幼儿，似乎我们缺少这样的反省。因为我们想当然地认为孩子必须服从父母的意志，我们有责任将孩子"塑造"为一个更加完美的孩子。这其实是将孩子视为自己的附属品，是对孩子生命的一种侵犯。

其次，要求孩子按照我们的期待而活，孩子必然无法活出自我，无法自由地伸展他的生命，当然也就无法获得人生最高级的快乐。

在这个过程中，父母必然特别容易对孩子产生不满情绪，从而挑剔、指责、限制孩子，看不到孩子的真实感受，从而带来沟通中的很多冲突，造成亲子关系的紧张。

有的父母会担心，让孩子按照他的期待而活，他会不会为所欲为。首先，真正为所欲为的是那些从不曾为自己活过的人，如杀害自己母亲的北大才子吴谢宇。其次，幼儿为所欲为的代价很小，基本都在可承受的范围之内。心理学家武志红说，幼儿的破坏性呈现出来，父母才有修正的机会。而且，也并不是为所欲为就一定会带来坏的后果。

所以，沟通中的第一个问题是——思考究竟想让孩子活成谁的期待？如果你允许孩子按照他的期待而活，全然接受孩子的能量，然后适度修正，那么沟通的一大半问题可能会迎刃而

解。反之，不但沟通中会滋生很多烦恼，孩子的心理健康也会受到影响。

最后，沟通的质量决定着亲子关系的质量，而童年时的亲子关系又是一个人成年后亲子关系的模板，决定着他此后人际关系的优劣，甚至命运。这也是我们一而再、再而三地探讨亲子关系、原生家庭这些话题的原因所在。而沟通在这其中扮演着重要的角色。

# 良好有效沟通的途径

在和2~6岁的幼儿沟通时，以下几个途径能帮助父母和孩子更快地实现良好有效的沟通。

## 愉快的氛围

当人的心中充满负面感受时，沟通往往很难进行。因为这时，人的大脑忙于处理负面情绪，尤其是要抵御对方的负面情绪给自己带来的伤害，没有更多的心理空间去思考沟通的内容。所以这时沟通，效果非常差。

例如吃饭时，你看到孩子的手很脏，立刻火冒三丈。那么孩子在第一瞬间很可能被你的怒吼吓住而哭泣，而不是立刻去洗手。也有可能因为排斥你对他的吼叫，而拒绝去洗手。总之，当下他第一时间要消化的是情绪，而不是沟通的内容。

人在心中充满负面情绪时，第一时间需要的是宣泄情绪，这个时候你说出的话更多的是情绪，而不是沟通的内容。所以，当情绪没有处理好时，沟通很难有好的效果。

沟通的第一个方法是情绪管理。无论在沟通的哪一个环节，先把彼此的情绪处理好了再沟通。起码父母先把自己的情绪调整好了。因为幼儿缺乏管理情绪的能力，如果父母的内心也是狂风暴雨，那么沟通很可能变成一场腥风血雨。

**用事实说话**

与幼儿沟通，我们特别容易使用父母的权威，勉强甚至强迫孩子去做一些事情。这会让孩子误认为，沟通就是强大的人向弱小的人施压。你命令孩子去洗手，孩子会觉得不是我需要去洗手，而是父母需要我去洗手。但如果你拿出一个显微镜让他看看他手上到底有多少细菌，或者给他播放一个关于细菌给人带来危害的视频，让孩子直观地感受到细菌的可怕，那么他就会认识到——我需要去洗手。

让孩子活在事实的真相里，而不是活在谁的主观感受里，往往比较好沟通。因为后者会让孩子觉得——我为什么要听你的，你说的就对吗？但用事实和孩子沟通，会让孩子觉得，我做这件事不是为了满足父母的需要，而是为了满足我的需要。所以，当沟通事情时，用事实说话；当沟通感受时，用感受说话。

**满足孩子的需求**

沟通是为了满足谁的需求？当然最好是能够满足双方的需

求。但对于2~6岁的幼儿来说，他们还不懂得去照顾他人的感受、满足他人的需求。尤其是他们的"全能自恋感"若得不到满足，沟通就很难进行。所以，与幼儿沟通，第一考量是满足他们的需求，照顾他们的感受。

但有些父母自身的全能自恋感还未完全褪去，他们会把沟通当作满足自己需求的一个手段。如前文讲到的那对视频中的母女，母亲对女儿说："我心目中的孩子不是这样的，我心目中的好孩子听话、不会和妈妈犟嘴、不会惹妈妈生气、不会让妈妈伤心。"还说："你是我的女儿，我就该管你！"从这两句话中可以看出，这位妈妈企图通过沟通达到两种心理需求，一是希望孩子能够实现自己对"理想孩子"的期待，二是希望孩子满足自己"权威父母"的心理。所以在沟通时，这位妈妈首先在乎的是自己的感受，而孩子的感受被忽略了。这时，孩子基本上都会产生负面情绪。

沟通之所以沟而不通，是因为我们常常在潜意识里把它当作控制对方的一个手段。要走出这个潜意识，我们可以尝试先考虑对方的感受和需求，那么你的表达方式、解决事情的方式就会随之发生改变。只有具备了这个意识，才能做到共情、允许、耐心地倾听等。同时，孩子才能从我们身上学到这些，从而渐渐走出全能自恋感，学会如何体会他人的感受及如何沟通。

实现情感互动

当孩子不喜欢和我们沟通时，我们需要想一下，我们是不是只会沟通事情，不会沟通感情。只会沟通事情的父母，是一个说教机器和情感黑洞，带给孩子的是冰冷的教条、规则。孩子只能活在对错里，而不是真实的感受里。长久下去，扼杀的不仅是孩子身上的活力和激情，还会有损父母与孩子之间的情感。

而好的沟通能够在父母和孩子之间建立情感链接，实现彼此情感的交流和互动，加深父母和孩子之间的亲昵程度，最终使事情更容易沟通。

在工作领域，我们可以为沟通事情而沟通事情，这样效率更高。但在家庭领域，我们要懂得转变身份和沟通方式，家人从我们身上最需要得到的是情感支持，其次才是对错的判断。尤其是幼儿，弱小的他们最需要从父母身上得到情感支持，而不是单一的评判。

所以，能够看到孩子的感受，并懂得述情和共情，在沟通中特别重要，这是懂不懂沟通的分水岭。

2~6岁的幼儿几乎不怎么懂得沟通，更多的时候，沟通的主动方在父母，要想实现和幼儿的良性沟通，父母必须懂得这个时期幼儿的心理特点和沟通特点，采取适合他们的沟通方法。而这些方法都离不开爱，因为真正的爱也是要满足孩子的需求，从孩子的角度出发，无条件地爱孩子。所以，学习如何沟通，也是学习如何爱孩子的一个过程。

# 有效沟通的五种方法

良好有效沟通的途径，可以转化为以下五个具体可操作的方法或步骤。

方法一：情绪管理

良好有效的沟通必须在愉快的氛围中进行，那么在沟通时，第一要做的就是管理好情绪，包括管理好自己的情绪和调整好孩子的情绪。

但在和幼儿沟通时，彼此都管理好情绪并不太容易。首先，幼儿极容易因需求未满足而陷入哭闹、摔东西等负面情绪和行为中，可以说，他们几乎没有任何管理情绪的意识和能力。幼儿的频繁哭闹考验着父母的情绪管理能力，缺乏这种能力的父母很容易把沟通变成情绪发泄。但一个成人是否成熟的标准之一就是能否管理好自己的情绪。而不但能管理好自己的情绪，还能调整好孩子的情绪，则是能否胜任父母这个角色的重要标准。

这其中，更重要的是父母能否管理好自己的情绪。寄希望于孩子"听话、懂事"是不太可能的。因为这个时期的孩子本身就是不听话、不懂事、不容易满足的，在这个时期，他们认为全世界都应该以他们为中心。

其次，要求孩子听话、懂事必然会压抑他们的部分天性，也就是激情和活力。所以这就要求父母能够很好地接纳他们、允许他们、与他们共情，这样，才能较好地管理好自己情绪。同时，帮助孩子学习如何表达情绪，让他们从小学习如何管理自己的情绪。这样，父母和孩子之间的沟通或许就能在一个较为愉快的氛围中进行。

当管理不好彼此的情绪时，可以暂时先不沟通，但这不等于可以实施冷暴力。冷暴力是一种隐性的情绪暴力，对孩子的伤害更大。要用拥抱等肢体语言让孩子的情绪先归于平静，之后再找合适的时机沟通。

但这也不是说父母永远不能对孩子释放情绪。当孩子的言行突破底线时，父母也可以严厉地教育；当孩子表现不错时，父母要让孩子感受到自己的喜悦。即小事宽容，大事不放水；负面情绪要妥善管理，正面情绪要及时传递。

方法二：允许

允许其实是情绪管理的延伸。怎样才能管理好自己的情绪？固然有觉察、改变认知这些非常具体的方法，但最根本的办法是允许。什么是允许？简单地说，就是把孩子当作独立的个体，允许他以他的方式存在。类似我们成人世界的——我不同意你的观点，但你有表达自己观点的权利；我看不惯你，但我接受你的存在。我不会越界去干涉和控制你。并且，你的存在不会影响我的心情。

允许包括包容和接纳，又不完全等同于包容和接纳。包容是把自己置于一个更高的道德高地——我比你更心胸宽广，所

以我能包容你的缺点。但允许是，那些对于我来说不是缺点，只是不同。我并不比你高尚，我们在人格上是平等的，哪怕我是父母，你是孩子。

允许也不完全等同于接纳。接纳是我接受你的全部。允许是，我不一定非要把你纳入我的内心系统里，你和我一样都是这个世界中的一个存在。就比如山川、河流，需要我的接纳吗？

包容和接纳有这样的潜意识，我高你低或我大你小。而允许的意思是，我们一样大，甚至我小你大，你比我更有力量。所以，允许是比包容和接纳更高的境界。

具体到孩子身上来说就是，孩子身上并没有那么多缺点，只是和你的认知或期待不同；即便有缺点，我们也要允许它存在，就像允许狂风暴雨一样，和它共存。然后和孩子一起认识这个"缺点"，想办法减少它对自身的伤害。

一旦你允许了，你就会发现，你没有那么多评判了，也没有那么多对抗的情绪了，原本那些你不允许的事情不再控制你的情绪。而孩子一旦被允许，他也舒服了，他能够更加自由地伸展自己，他的情绪变好了，也充满了力量。这时，无论你们沟通什么应该都没有太大的障碍。

反之，当你不允许时，心理资源就会被占据，你无法更好地去做任何事情，包括沟通。所以有一句话叫作"退后一步海阔天空"，退后就是允许，就是把不允许的事情从你的内心清除出去，同时，也把负面情绪从你的内心清除了。

方法三：倾听

在沟通中，倾听比表达更重要。若听不出，听不对，如何给对方正确的回应？没有正确的回应，如何更好地沟通？在与2~6岁的幼儿沟通时，更是如此。他们还不太会表达，无法清晰准确地传递信息，更不懂得如何表达情绪，因此更考验父母的"听力"。

这个听力包括，在倾听的过程中要极富耐心，要专注地倾听，并及时给予回应；不但要很好地接收到他们表达出来的内容，还要能"听"出来他们没有表达出的内容；要懂得幼儿的普遍心理特点及自己孩子的特点，与他们进行高质量的互动。

除此之外，倾听的能力还包括，你是否尊重孩子的想法和表达，是否把他视为一个独立的生命去倾听、去沟通，是否愿意放低姿态走进孩子的内心世界。

重视倾听代表你在乎孩子胜于自己，而没有耐心倾听只顾自己滔滔不绝表达，说明你更在乎自己。而这一点也决定着沟通的效果和质量。因为每一个人都希望他人看见自己的感受、在乎自己的感受，而倾听正是看见孩子感受的一个重要途径。

方法四：表达

在沟通的所有方法中，表达的学问最多。所以很多人认为沟通就是表达的艺术。与2~6岁的幼儿沟通，表达中更要注重共情和述情。共情是看到孩子的感受，说他们想听的；述情则是

表达自己的感受，让孩子与自己共情。我们要相信，幼儿天生就有与人共情的能力，只要你给他机会，就能开发出他的共情能力。父母不向孩子述情，不仅剥夺了孩子与你共情的机会，也使孩子的共情能力得不到成长。

同时，少批评指责，多说正能量的语言，以免给孩子过多负面的心理暗示。大道理少讲，因为这对幼儿来说可能没什么用，所以要循序善诱。

还要教孩子如何表达、如何述情，当孩子学会了表达事情和心情时，他就不容易哭闹，更容易沟通了。这就和懂得述情的父母不会轻易发脾气一样——如果可以通过语言把自己的感受表达出来，还需要通过发脾气来表达吗？

所以，教会孩子表达，让孩子成为一个会沟通的人，才会使父母和孩子之间的沟通越来越容易。

方法五：共情

共情指的是"看见"孩子的感受，关注孩子的感受，接纳孩子的感受，理解和安慰孩子的感受，在这个基础上，沟通就会变得相对容易。一个人的"内在自我"被他人关注并关心，这带来的力量是巨大的！因为每个人都是自恋的，都渴望被人关注，尤其是孩子。一旦被关注，孩子就会对父母产生信赖感，就比较容易对你敞开心扉，也更愿意配合你的教育。

父母若缺乏共情能力，就很容易把沟通变成冷冰冰的说教、命令、指责，沟通的内容只有事情、规则、对错，没有情感，这样的沟通效果可想而知。

即便一个人不会去说教、命令、指责他人，也很会鼓励、夸奖、赞美他人，但言语之间若没有共情，也不过是一个虚伪的巧舌如簧的人，并不能真正地打动人。所以，真正懂得沟通的人是具备共情能力的人。

共情并不完全等同于感同身受。感同身受是感受到他人的感受，进而理解他。但实际上，大部分时候我们都无法感受到他人的感受，因为我们没有处于和他相同的境遇中。所以感同身受只是人的美好理想。但共情是什么？共情是我虽然无法感受到你的痛苦，但我看到了你的痛苦，接纳了你的痛苦，并愿意去安慰你的痛苦。比如你感受不到孩子当下吃不到一颗糖的痛苦，但是你看见了他的痛苦，并去关注和安慰他的痛苦，这就是共情。

所以有人说，这世界上没有绝对的感同身受，但只要你愿意，就可开发出自己的共情能力。

与幼儿沟通，共情更是必不可少的一环，因为他们是如此自我、自恋，他们的感受若不被看到、关注，沟通还能顺畅进行吗？

沟通中当然还有影响的力量，比如我们不直接与孩子沟通，而是用语言、行为和环境迂回地影响孩子发生变化，这可以避免直接沟通带来的摩擦，也会有意想不到的效果。

以上几种方法不是割裂的，要综合运用。例如，父母如果

能够允许孩子的言行，就更容易管理好自己的情绪；管理好情绪，才有耐心去倾听和表达；听明白了，才能表达清楚；懂得述情和共情，才能够在沟通中建立起情感链接。将所有的方法综合使用，沟通就会变得相对容易。

# 2~6岁幼儿沟通的特点

要说清楚2~6岁幼儿沟通的特点，首先要了解他们的心理发育特点，以及由此决定的行为特点。针对这两点，与2~6岁幼儿沟通有以下特点。

**易哭易闹难沟通**

幼儿处于全能自恋感爆棚时期，尤其是在3岁之前，他们认为自己是世界的中心，世界是围绕着他们转的，所有人都应该无条件满足他们的要求。这种超级自恋情结在现实中显然是无法实现的，再爱孩子的父母也不可能满足他们的所有要求。而且幼儿还没有发展出延迟满足能力，因此非常容易陷入不满情绪。又没有什么情绪管理能力，通常是想哭就哭，想闹就闹，难以沟通。

有些父母对儿童的全能自恋感不了解，不知道这时的应对方式应该是尽量满足，而只会采取哄劝、训斥、打骂、惩罚等沟通方法，这只会让他们的哭闹行为愈演愈烈。

孩子的频繁哭闹也考验着父母的耐心和脾气，尤其是3岁之前的孩子，基本都是妈妈在带，她们经常被频繁哭闹的小宝宝弄得身心疲惫。

全能自恋感也决定了幼儿的自我中心化非常严重，别人的东西想据为己有，自己的东西却没有和他人分享的意识，这导致他们很容易和其他小朋友发生冲突。有些父母对孩子的这种心理和行为缺乏了解，却认为分享是一种美德，强迫孩子去分享，于是在沟通中就会发生摩擦。

易哭易闹难沟通是幼儿沟通中最明显的特点，也是最令父母头疼的地方。但随着他们年龄的增长，渐渐明白"并不是我的所有需求都会被满足"，就会相对好沟通一些，如3岁以后。

**各种敏感期行为完全无法沟通**

除了容易哭闹，这个时期最令人不解的，就是幼儿身上各种奇奇怪怪的行为。如翻抽屉、撕卫生纸、扔东西、哪里不平走哪里、不让干吗非要干吗等，怎么制止纠正都不行，他们根本不会理会你，反而乐此不疲地一遍又一遍地重复着这些行为。其实，这是儿童敏感期行为。代表着某一段时期他们对某一种事物比较敏感和好奇，想要一遍遍地体验它。这是儿童成长过程中的正常行为。

但是，很多父母不了解儿童敏感期，觉得孩子性格偏执、叛逆、爱搞破坏，这种行为也是不好的，于是就会阻止、纠正孩子这种行为，有些父母在这些时候最喜欢说的几个字就是：

"不行！""不能碰！"这样的沟通不但没用，还会遭到孩子的反抗，因为你阻止了他的成长。

那么对于孩子的敏感期行为，该如何沟通呢？最好的方式就是不沟通。只要他没有把家里的贵重物品扔了，只要他的行为没有危险性，就不要管他。过一段时间，他的某个敏感期行为就会消失。6岁以后，他的所有敏感期行为基本上都会消失。

**语言表达能力不强无法顺畅沟通**

沟通主要靠语言，但幼儿的语言表达能力还没完全发展起来，尤其是两三岁的幼儿，话都不怎么会说，父母和他们沟通只能一半靠猜。猜得不对，他们又会不满。有了负面情绪和各种感受但又不会表达，只能用哭闹来表达。这为沟通带来了阻碍。

这个时候考验的是父母和孩子之间的"默契"——通过感觉和观察捕捉到孩子的需求。3岁之前，考验的则是妈妈和孩子之间的默契。因为这个时期，孩子更多的是和妈妈待在一起，需要的也基本是妈妈。妈妈能不能在瞬间捕捉到孩子的需求，决定着妈妈和孩子之间能否顺畅沟通。这个时候妈妈并不是主要靠语言来沟通，而是靠眼神、微笑等表情语言和拥抱、抚摸等肢体语言来沟通。此时，只有妈妈最懂孩子的"语言"，如不同的表情、哭声、行为代表着不同的需求。所以常常有这样的情况，宝宝哭闹不止，别人都哄不了，妈妈一出面就解决了。

所以，和幼儿沟通，需要父母具有很大的耐心和智慧，还需要父母懂得幼儿的心理特点和成长规律。那么你就会知道，这个时期的难以沟通都是暂时的，无须太较真，也无须太烦恼。只要掌握一定的应对之法，你和孩子都能轻松地度过这个时期。

## 2~6岁幼儿沟通的发展现状

### 新一代的父母更重视幼儿的沟通和教育

我有个朋友，在孩子出生前就开始大量阅读育儿书籍，写读书笔记，学习心理学，加入育儿交流群，把自己训练成了半个育儿专家。她说，这个世界上唯一不需要训练就可以上岗的职业就是父母，但她不想成为这样不负责任的父母，于是就自己训练自己。孩子出生后，她与孩子的沟通完全不在话下。带两个2~6岁的孩子的同时兼顾工作，也没有弄得鸡飞狗跳。

另一个朋友也是这样，孩子在成长的过程中出现了很多敏感期行为，但她并没有像其他父母一样焦躁，没有拼命纠正孩子的行为，更没有打骂等暴力沟通言行。因为她很早就学习了儿童的敏感期行为以及如何引导孩子成长。

现在，像这样重视育儿、重视与孩子沟通的父母越来越多。新一代的父母文化素质更高，他们重视孩子的教育，愿意

主动去学习这方面的知识。而且，这几年，普及这方面知识的书籍、节目和专家也越来越多。心理学成为备受瞩目的行业，一些心理学专家被人们熟知，"原生家庭"这个心理学名词在短短几年几乎家喻户晓。每年电视上都有几档育儿节目热播，由此带来大量的话题讨论。就在去年的一档亲子节目中，一位父亲因对4岁的儿子语言暴力被众多网友批评。大家越来越重视幼儿的教育和沟通了。

**不懂沟通的父母依然很多**

与此同时，不懂教育和沟通的父母依然很多，由此造成的后果也在不断给我们警醒。

孩子玩手机，父母斥责孩子并没收孩子的手机，孩子一跃从阳台跳下。

妈妈哭着控诉女儿不是自己心目中的"理想小孩"，女儿哭着质问妈妈："不是你想象中的小孩，你就可以用那样的态度说我吗？"

女儿在商场碰撞了人，父亲逼着女儿道歉，女儿不愿，父亲把女儿独自留在商场里哭了二十多分钟，父亲则在一旁冷眼旁观不管不问。

能被我们看到的还只是冰山一角，更多的错误沟通方式充斥在我们的生活中，大致有以下几类。

**妈妈唠叨**

用唠叨代替真正的沟通，这一点，以妈妈居多。

"赶快吃饭了，不要再看动画片了……怎么还在看动画片！怎么还在吃零食，不是说了吃饭前不准吃零食吗！……今天在幼儿园学了啥？今天在幼儿园吃了啥？今天在幼儿园大便了吗？赶快写作业，赶快洗澡，赶快睡觉……"

每天被这些毫无营养的语言轰炸，对孩子来说是一种折磨，而且收效甚微。孩子可能会无动于衷，甚至行动更慢，以此来"被动攻击"父母的唠叨。所谓"被动攻击"，是指一个人没有能力反抗另一个人时采取的消极态度，是一种隐性对抗。幼儿没有办法直接对抗父母的唠叨，但会自动屏蔽，听见了跟没听见一样。成人之间也会这样。所以，你越唠叨，他越不配合。然后你更生气，继续变本加厉地唠叨，形成恶性循环。

这种缺乏质量和效率的沟通，几乎每天都在某些父母与孩子之间上演，是目前2~6岁幼儿沟通的普遍现状之一。

父母喜欢唠叨的最大原因是控制欲和焦虑，想了解孩子的一切，想让孩子的一切按照自己的想法进行。同时，育儿的辛苦也化作了焦虑。这就是为什么喜欢唠叨的大多是妈妈，因为爸爸在育儿中经常缺位。所以，唠叨是这些焦虑的妈妈的一个出口，仿佛焦虑随着这些唠叨释放了，然而实际上却把一部分焦虑传递给了孩子。

父亲缺位

这个现象非常明显。在我工作的少儿培训机构，每天来接

孩子的90%都是妈妈，留的联系电话90%都是妈妈的。6~12岁的孩子都尚且如此，幼儿就更是如此了。可想而知，父亲在生活中与孩子相处、沟通的机会能有多少。曾有人说，中国的家庭教育现状是：一个焦虑的妈妈，一个缺位的爸爸和一个心不在焉的孩子。多么真实的写照！父亲的缺位，不仅使孩子失去了与父亲相处、沟通的机会，也使妈妈更加焦虑。因为这是将教育、照料、陪伴、与孩子沟通的压力全部转嫁到妈妈一个人身上。

即便父亲能承担一个家庭的大部分经济压力，也不能弥补这些损失。虽然很多人已经意识到了这个问题，但短时间之内现状还并无太大的改善。

暴力沟通

虽然不少父母的沟通能力正在提高，但不能不说实施暴力沟通的父母仍然存在，尤其是语言暴力。

唠叨，严格来说也是一种语言暴力。虽然当下不如指责、批评、嘲笑、贬低对孩子的伤害那么大，但它是"钝刀子杀人"，长期发展，对孩子的伤害也是巨大的。它会把焦虑传递给孩子，会影响孩子与你沟通的热情，会使孩子形成被动攻击的性格。但大部分的父母没有这样的意识，他们会认为父母唠叨唠叨孩子，不是很正常吗？甚至认为这是表达爱的一种方式。

还有一部分父母，一出口就是限制、指责、批评、嘲笑、贬低，仿佛孩子是他们的仇人，是他们的情绪垃圾站。这部分父母并不在少数。因为一直以来，我们都更擅长批评教育。

行为暴力也不时在发生。去年网上就爆出好几起这样的新闻，孩子被打得遍体鳞伤，最终警察介入。更令人担忧的是，在个别后果不是很严重的案例中，有一部分网友表达了他们支持的观点：沟通不了就打嘛，说那么多废话干吗，哪个孩子不是打大的。持这种观点的人还不少。因为他们也是在这样的教育下长大的。

虽然有不少心理专家和教育专家都在强烈反对和谴责这种现象，但部分父母的认知并没有跟上，所以暴力沟通仍然是目前2~6岁幼儿沟通的现状之一。

如果说语言暴力和行为暴力还会遭到大家的谴责，那么冷暴力则会被很多人默许。因为冷暴力看起来不暴力，它不骂孩子，不打孩子，只是不理孩子，任凭孩子哭得声嘶力竭。这种情形出现在家里、公众场合、综艺节目中。等孩子哭够了、哭累了、妥协了，父母才会说上一句："知道错了吗？"孩子多半会答一句："知道了。"其实，与其说是他知道错了，不如说是他拗不过大人，被迫向父母妥协。那么，这自然不是健康的沟通方式。

但是，几乎我们每个人都或多或少实施过和遭受过冷暴力。小时候是在亲子关系中，长大了是在亲密关系和同事关系中。可以说，冷暴力在2~6岁幼儿的沟通中更为普遍。

父母不懂幼儿心理与沟通

为什么会有这些错误的沟通方式存在？根本原因是大部分的父母都不懂幼儿心理。他们不懂得一个人的内在关系模式在6岁前即定型，且对一生有着重要影响。如果你告诉他们，他们还觉得你是危言耸听。他们认为孩子这么小懂什么，你怎么对他都无所谓。却不知，这一切都会进入幼儿的潜意识，内化到孩子的内在自我中。

还有一部分父母并不在乎如何与孩子沟通，他们更在乎给孩子更好的物质。他们不懂沟通，也没有意识去学习。或许学习了，却一知半解；或许学习了错误的沟通方法和育儿知识却不自知。还有一些父母自身心理就不够健康，教育起孩子来也是有心无力。

可是不良沟通会给孩子的身心带来巨大危害。例如，孩子会形成不良的人格，会学到错误的沟通方式，孩子的身心健康会受到损害等，严重者这种伤害会一直持续到成年。有一位网友诉说，她每每回忆起父母对她的谩骂，便犹如梦魇。

但好在，这些都在慢慢发生着改变。年轻的父母越来越重视这个问题，教育专家、心理专家不断为这些问题发声，整个社会越来越重视这个问题，我们将一起逐渐改变这个现状。

# 2~6岁幼儿沟通中的常见心态

心态决定沟通方式。前文那些错误的沟通方式，是因为以下这些不当的心态。

**焦虑**

正如前文所说，中国家庭目前的普遍现状是——焦虑的妈妈，缺位的爸爸和心不在焉的孩子。爸爸的缺位使妈妈承担了更多的育儿重担，而育儿是极其辛苦的一件事，这导致了妈妈的焦虑。虽然说3岁之前，孩子更需要的是妈妈。但如果爸爸能做好辅助工作，也会在很大程度上减轻妈妈的焦虑。另外，中国的父母对孩子的成长过于紧张，过于关注孩子的一举一动，无法放松地享受和孩子在一起的时间以及自己的生活。这就很容易导致他们唠叨、抱怨、挑剔和指责孩子。这些不当的沟通方式与其说是在和孩子沟通，不如说他们是在发泄自己的情绪，缓解自己的焦虑。

我所接触的有不少这样的父母：孩子不如别人家的孩子活泼，性格怪异不合群，妈妈焦虑得不行；孩子字写得不好，妈妈拼命纠正；孩子在幼儿园的表现不如其他小朋友，妈妈以为孩子有心理问题。其实比起孩子，更需要改变的是父母。孩子正处于人生的开始阶段，各方面表现不好很正常，就算某方面真的不如其他孩子，父母也不必过于焦虑，因为每个孩子都有自己的"精神胚胎"，只要能活出自我，每个孩子都可以闪闪

发亮。

父母应该以更放松的心态来育儿，把关注力从孩子身上收回来一点点，多关注下自己。这样，或许你的沟通方式就会改变，不再盯着孩子的不足，心情也不会过于焦虑。

讨好

和焦虑得总是批评指责孩子相反，另外一些父母则总是讨好孩子。"不想吃鸡蛋，好好好，不吃鸡蛋，我们吃肉。""晚上不想一个人睡觉，好好好，妈妈陪你睡。""妈妈今天没有买到你想吃的泡芙，对不起，妈妈明天再去给你买。"在孩子面前客气得不行，步步退让，好像欠了孩子什么似的。这种小心翼翼讨好孩子的心态，究竟是怎么形成的？有一些是因为父母本身就是讨好型人格，和谁相处都是这样。还有一些父母并不是讨好型人格，对其他人并没有这种心态和行为，唯独讨好孩子。究其原因是没有自我，把孩子当作自己生活的中心，恐怕孩子不高兴。

讨好孩子的后果是，一是加重了孩子的全能自恋感，使他们认为"这个世界的确是围着我转的"，形成任性妄为的性格。二是反感讨好自己的父亲或母亲。因为讨好人格是用一个"假自我"在和孩子相处，小时候他可能觉得这样的父母挺好，自己可以"为所欲求"。但长大了他并不会亲近这样的父母。因为我们都不会真正爱上一个具有"假自我"的人。如果我们无法触摸到一个人真实的灵魂，就不会真正地爱他。我身边就有一位这样的母亲。小时候孩子不咬别人，只咬她。长大了，孩子却不喜欢和她待在一起。还有这样一位单亲妈妈，无论孩子有多么过分的言行，她总是忍让。结果孩子成长为一个极其叛逆的问题孩子，对辛苦的妈妈丝毫不懂得感激。所以，讨好式的沟通并不能得到孩子的感恩，反而会让孩子反感。

### 缺乏边界感

不是过于苛责，就是过于讨好，这些极端的沟通方式究竟是怎么产生的？这是由于我们与孩子之间缺乏边界感。虽然幼儿在生活中需要父母全方位的照料，尤其是在3岁前。但心理学家武志红在他的著作《拥有一个你说了算的人生》中说：从五六个月开始，婴儿的自我意识就开始发展。等他们会说话以后，就特别急于表达"不"。这是孩子在划清界限，捍卫自己的独立性。在3岁以后，孩子会初步形成自己的个性，这是心理独立的里程碑。这个时期，孩子和父母的关系不再是"共生"，而是"二元"——孩子和父母争夺"我的事情谁说了算"。妈妈认为，你什么都不会，得听我的。所以妈妈不断地批评、指责孩子，借此控制孩子。孩子则不断地闹事，企图摆脱妈妈的控制，争取独立权。妈妈看到孩子不受自己控制，认为孩子出现了问题，陷入焦虑。讨好其实是另一种意义上的控制——我对你这么好，我们不能有界限。

这其实都是在干涉孩子的独立性，没有树立起边界感。孩

子的成长过程是这样的，一边依赖父母，一边挣脱父母，走向独立。但有些父母对这些既不了解也不甘心，于是在与孩子相处和沟通的过程中产生了许多摩擦。

**不关注孩子的感受**

孩子："妈妈，这个冰激凌可好吃了。"

妈妈："哎呀，你怎么把衣服、地板弄得这么脏。跟你说过多少次了，吃冰激凌的时候要小心点。一天我得收拾多少次呀！"

孩子："妈妈，这个玩具真好玩！"

妈妈："当然好玩了，花了那么多钱买的。你小心点玩，别弄坏了。成天就知道玩，不知道大人赚钱有多辛苦。"

这一类父母，无论孩子和他沟通什么内容，他都能迅速切换到自己的世界，然后开始表达自己纷乱的情绪，顺便再把孩子教育一番。或者只看到事情，就事情发表一通自己的看法，却不关注孩子的心情。当自己的感受不被关注时，孩子其实也不太关注父母说话的内容，甚至还会抵触。所以这种沟通是沟而不通——孩子和父母各说各的，但谁也不是谁的听众，谁也得不到想要的反馈。这一类沟通是无效沟通，除了增加孩子的负罪感之外，没有其他益处。

这一类父母其实也是活在自己的一元关系中。一元关系，即一个人只看到自己的意志，只感受到自己的感受，看不到别人的感受。但好的沟通只会发生在二元关系中，即一个人意识到，另一个人是和自己一样独立存在着，他有自己的感受和意志，且需要得到尊重。哪怕这个人是幼儿，只要他是单独的生命，他的感受和意志就应该被看到并得到尊重。

这些幼儿沟通中的常见心态，滋生了许多错误的沟通方式，例如，挑剔、批评、指责、唠叨、冷暴力、不及时回应等，它们伤害着父母与孩子之间的感情和关系。所以，要拥有正确的沟通方式，必须先对这些错误的心态有所了解。

# 关于 2~6 岁幼儿沟通的认识误区

　　当父母与幼儿沟通不好时，会想当然地认为，是因为孩子不"懂事"。其实，只要是关系中的问题，几乎都是双方的问题。父母比幼儿"懂事"，但父母懂得沟通吗？知道自己在沟通中有哪些认识误区吗？意识到沟通中的很多问题都是由这些认识误区造成的吗？

# 上天给了我一个难 "管" 的孩子

面对孩子身上的种种问题，你是否有这样的惯性思维？

别的孩子琴棋书画都会，而自己的孩子除了玩，啥都不会：都是因为我的孩子太笨，又不开窍，所以才啥都不会。

孩子爱哭闹：没办法，我的孩子天生就不好哄。

孩子很 "熊"，到处搞破坏。又叛逆，处处和你对着干：你怎么这么不听话，不懂事呢？我怎么这么倒霉呀，生了你这样一个孩子。

……

最后你总结：没办法，老天爷给了我一个难管的孩子。不然你看看别人家的孩子，多好管。

孩子不够好，是孩子的错，是老天的错，唯独不是自己的错。

这种思维方式是明显的外归因。所谓外归因，就是一个人在遇到问题时总把原因归结于外部，而不从自身寻找原因。外归因的人总认为，是他人的错或客观原因导致了问题的出现，而不是自己。用这种思维方式与孩子沟通，必然非常容易挑剔、批评、指责孩子。

但其实，在任何一种人际关系中，双方都是互为因果的。心理学上有句话是这么说的："别人对待你的方式都是你教会他的。"意思是说，如果别人对待你的态度很好，很好沟通，那么这是你对待他的方式的良好反应。反之也是这样。对幼儿来说更是如此。因为他们几乎是一张白纸，你怎样对待他，他就给你怎样的反应。他若不好教育、难以沟通，一定是父母的教育和沟通方式出现了问题。

习惯外归因的父母，本身自恋情结比较严重，缺乏反省意识，总是想当然地认为"我对，你错，所以你需要改变"。尤其是父母在孩子面前，总有这样的潜意识：你是孩子，怎么可能有我正确呢？于是总是对孩子诸多指责。所以，我们要改变这种思维方式。

学习内归因

人一旦学会了自省便停止了抱怨和指责，而停止了抱怨和指责，沟通就会朝好的方向发展。所以父母要学习内归因，多寻找自身的问题——是否对教育、对沟通、对孩子有一些认识偏差，是否需要进行情绪管理，如何去做。与其埋怨上天给了自己一个难以管教的孩子，不如改变自己，成为一个让他人羡慕、让孩子骄傲的懂教育、会沟通的父母。好"管教"的孩子不是天生的，是正确的教育方法、沟通方法培养出来的。

退一步来说，就算我们的孩子真的比较难"管教"，我们也别无选择，唯有接纳。但我们可以选择更好的沟通方法与他沟通。如果我们不去学习正确的沟通方法，那么即便上天给了我们一个完美的孩子，我们与孩子之间的相处也会出现很多问

题。就像一个不懂得经营亲密关系的成年人，即便给他一个完美爱人，他可能也会与之分手。所以，很多时候，不是我们的沟通对象出了问题，而是我们自己、我们的沟通方法出了问题。

像包容小狗一样包容孩子

有时，我们对孩子的包容程度和耐心程度还不如对一只小狗，这话可能你不太同意。

在我们刚刚养一只小狗时，它总是很不听话，到处乱跑，还随地大小便，有时候我们气得真想把它扔了。但是我们没有这么做。因为我们知道这是因为它还没有适应环境，也是因为我们还不了解它的生活习性。双方互相不了解对方的需求，才会出现不和谐。于是我们细心观察，慢慢培养，一遍又一遍地训练它。渐渐地，小狗不但不随地大小便了，还学会了站立、坐下、握手、跳舞等很多本事，带给了我们很多欢乐。

你看，小狗刚刚到我们家的时候，我们和小狗的沟通也会出现很多问题，说什么它都不听。这个时候虽然我们也会生气，但我们会认为是老天给了我们一只难以管教的小狗吗？会认为都是小狗的错吗？不会。我们很清醒地知道这是因为小狗还不了解家里的环境，而我们也不了解小狗的生活规律，要给双方尤其是小狗一些时间，它才能慢慢变好。

所以你看，我们对小狗多么包容，多么有耐心。我们愿意花时间一遍又一遍地去训练小狗，我们不会在小狗跳得不好的时候骂它："笨死了！我怎么就养了你这样一只小狗！"可是我们却会这样说孩子。如果我们能把对待小狗的这份包容、耐心、和善给孩子，我们和孩子之间的关系或许也会像我们和小狗之间这般和谐。

孩子不必总是"听话"

多少年来，"听话教育"是中国家庭教育中的重要课题，听话的才是好孩子，并且父母会把"不听话"视为沟通中烦恼的重要原因之一——你如果听话，还有什么不好沟通的？

但"听话"的本质是什么呢？是我不允许你按照你的想法活，你要按照我的想法活。用心理学的语言来说就是，我不允许你成为你自己，你必须成为我想象中的你。

这是一切关系中矛盾的主要根源——因为每一个人的生命动力都是成为他自己。不能活出自己，生命的乐趣就会少很多。尤其是对幼儿来说，他们的生命遵循"快乐原则"，不让他们快乐，那不是故意和他们作对吗？所以，你越让他们听话，越难和他们沟通。

如果孩子真的特别"听话"，那我们反而要担心，孩子快乐吗？孩子的激情、活力、创造力还在吗？有这么一个真实的故事：一个家庭中有两个孩子，一个"听话"，另一个不那么"听话"，走向社会后，更有工作能力和生存能力的却是那个不听话的孩子。所以，不必要求孩子总是听话，有些事情必须听话，比如那些大是大非的问题；而大部分的事情可以不那么听话，让孩子随心而活，不但孩子能活出自我，父母与孩子之

间的沟通也会更顺畅。

假如你能从以上三点去思考就会发现，孩子身上没那么多问题，即便有问题，也可以放松心情去看待。同时你会认识到自己身上的很多问题。那么"上天给了我一个难管的孩子"这个命题就不存在了。其实，没有那么难管的孩子，也没有那么好管的孩子，只有懂不懂教育、懂不懂沟通的父母。

## 霸道沟通，不懂温柔

在中国的传统文化中，父母的形象更像是一个"霸道总裁"——我说你听着，我说什么都是对的，温柔我不会，强硬才是我的标签。新时代的父母在这方面当然进步了很多，但这毕竟是老祖宗留下来的人格特点，一时半会儿难以完全清除干净。而部分父母还没有意识到，这样的沟通方式需要改变。

### 强行灌输"我是为了你好"

"别怪妈妈打你，妈妈都是为了你好。"这句话不知道你有没有对孩子说过。"我是为了你好"，这句话可以说是沟通中的"万金油"，一旦出口，甭管对方有多大的委屈和不满，都得咽回去。就是在成人之间，这句话也有很大的欺骗性，使人真的相信对方的所作所为是为了自己好。很有可能，他们在幼儿时期就被这句话洗脑。但是，就算孩子的头脑接受了这句话，委屈和不满依然会积压在心底，影响他们与父母沟通的热情。而且他们也会学会这种沟通方式，日后用这样的方式与他人沟通。而那些性格叛逆的孩子则根本不相信这句话。不管怎样，都会造成情感的隔阂。

"我是为了你好"是一种带着温情假象的暴力沟通，表面是爱，实则是控制，打着为孩子好的旗号强迫孩子接受你的想法和做法。但孩子生而为人，有做他自己的权利，而不是沦为实现父母意志的工具。

长期灌输"我是为了你好"，会让孩子失去辨别他人是否真为自己好的能力；也会让父母不断被这句话暗示，以为自己真的是为孩子好，从而失去审视自己的机会。

不肯向孩子认错

"我是父母，我有我的面子和尊严，我怎能向你认错！"中国的传统使得父母更想在孩子面前树立一种完美的、一贯正确的形象，所以当他们有错时，很难在孩子面前低头。这使得孩子不得不咽下委屈和不满。但有些孩子可能会表达疑惑或不满："为什么孩子做错了事情就要道歉，而父母做错了事情就不需要道歉？"他们可能会得到这样一句霸道的回答："因为我是你爸（妈）！"这是一种强盗逻辑。而孩子只能被这样的强盗逻辑伤害，因为他无法更换父母。

如果你问一个成人，吵架时，你为什么总习惯向伴侣低头，是因为你太软弱吗？他会说："因为与对方的感受及我们

的关系比起来，我的面子不算什么，谁对谁错更不算什么。"所以，妥协不一定都是软弱，甚至是一种坚强。在亲子关系中也是如此。如果你重视孩子的感受，你就会在违背承诺或做了令孩子失望、不满的事情时，向孩子说声对不起。孩子比大人宽容，原谅和忘记对他们来说不是什么难事，尤其是幼儿，对这些事情简直是三秒钟记忆。

父母试图用不向孩子低头来维护自己的尊严，但这恰恰会使你失去孩子的信任，因为你无法再理直气壮地教育孩子说到做到、有错必改。

### 不肯向孩子示弱

我有一个朋友，一个人带着孩子很辛苦，家人又帮不了忙，偏偏儿子性情乖戾，很难管教。我让她偶尔在孩子面前说一说自己的辛苦，或许孩子能体谅她，变得乖一些。她则说，小孩子哪懂，再说了，我不想在孩子面前表现自己的脆弱，我想让孩子知道他有一个坚强的妈妈。

其实幼儿并非不懂体谅人，尤其是最亲近的人。小孩天生就有察言观色的能力，如果你向他倾诉，他对父母的爱会自动唤起他的共情能力。曾在电视上看到一位妈妈，她经常在四五岁的儿子面前"撒娇"："哎呀，今天妈妈好累啊，你能帮妈妈倒杯水吗？"结果她的儿子相对来说就更加懂事、成熟一些。

我们要相信孩子有共情能力。但前提是，你要让他知道你的处境和心情。也就是说，你要先向他述情，他才能与你共情。我们成人之间的感情也是这样建立起来的，向别人说心里话，别人才有可能关心你。

而且，向孩子示弱并不会破坏你的形象。人就是有坚强和脆弱的两面，把这两面都展示给孩子看，会让孩子感受到一个更真实的爸爸或妈妈。同时，也有利于让孩子成长为一个坚强的孩子。而总是装作一副坚强、喜怒不形于色的样子则更像一个机器人，并不利于孩子和自己亲近。

**命令说教，不懂幽默**

命令式沟通："马上睡觉！再不睡觉小心我揍你！""还吃糖，牙都快掉了！把糖给我！"

说教式沟通："分享是一种美德，你要学会和其他小朋友分享。""你要好好弹钢琴，少壮不努力，老大徒伤悲。现在吃点苦，长大就不用吃苦了。你看郎朗……"

没有几个孩子喜欢"霸道总裁"和"唐僧"式的家长，再爱你的孩子也会因为这样的沟通方式对你敬而远之。孙悟空不就被唐僧教育得离开他了吗？因为命令不是沟通，只是在发号施令。它无视孩子的需求和感受，强硬地命令孩子必须照自己说的去做。而说教式的沟通则是用大道理去禁锢孩子，尤其是反复的说教，更会让孩子感到压抑。说教式父母一般性格呆板、过于正经、正襟危坐，这会让孩子在你面前无法真正放松。

那么，和命令说教相反的沟通方式是什么呢？是有趣、温柔、幽默。孩子们之所以更喜欢孙悟空、猪八戒和沙僧，是因

为他们有趣、温和。有记者采访一个演员，问他为什么能和孩子的关系那么好。他说，做孩子的朋友，做孩子的玩具，多和他们聊天、互动、玩耍。如果他们不听，就多引导。不要总是板起面孔教育他们，要能够放下家长的架子。

或许你的性格不是有趣、幽默型的，但至少可以试着温和地说话，试着控制一下自己爱讲大道理的欲望。

其实，父母柔软起来哪怕是柔弱起来都更有利于和孩子之间的沟通，因为这会让孩子觉得父母和他们一样是有着各种情绪和各种感受的人，而不是高高在上的权威，这更容易让孩子接近。怎样才能达到这样的状态呢？就是父母要学会表达自己的感受，要学会向孩子传递自己的情感，用一个专业的词语来说就是学会"述情"——表达不仅仅是向孩子输送信息，更是向孩子传递情感。

怎样做到不去控制孩子呢？很简单，把孩子还给他自己，他不是你的附属品。怎样做到对孩子温柔以待呢？很简单，把他当人看，他不是实现你某种目的的工具，而是具有喜怒哀乐各种情绪的人。如果你能对孩子温柔以待，那么你与孩子之间也很容易做到温柔相待。

赶走内心的"霸道爸爸（妈妈）"和"机器人爸爸（妈妈）"，给孩子一个温暖的父母。

# 只懂物质满足，缺少情感沟通

曾经听到一个5岁的小孩这样对他的妈妈说："如果有一天我们家只能有三个人一起生活，我希望是我、妈妈和奶奶，爸爸就让他一个人生活吧，反正他也不是很爱我们。"这个小孩是如何得出"爸爸不爱自己"这个结论的？原来，爸爸长期在外地工作，一个月也难得回来一次，所以他认为爸爸不爱自己。那么这位爸爸是怎么想的呢？他认为自己非常爱孩子，非常爱这个家，为了给这个家更好的生活，所以才需要到外地工作。可惜，孩子并不这么想，在幼儿的心里，陪伴就是爱，不陪就是不爱。

养育孩子，物质当然是必不可少的条件。但这并不能成为忽略情感沟通的借口。对幼儿来说，住三室一厅还是两室一厅没什么区别，但有没有父母的陪伴和情感的交流却有很大的区别。

我有一个朋友也是这样，孩子很小的时候，她迫于生计每天忙碌，想给孩子一个好的经济条件，但孩子的成长却出现了问题，性格乖戾，难以沟通，不喜欢亲近妈妈。除非妈妈给自己买东西，否则不会给妈妈好脸色。

这位妈妈难道不知道陪伴的重要性吗？她当然知道，只是她在赚更多的钱和陪伴孩子之间选择了前者。等她想和孩子有更多的互动和交流时，却发现很难与孩子沟通了。所以有人说，孩子的成长只有一次，他不会等你准备好了再往前走。而

在孩子的一生中，完全依赖你、想与你亲密无间的只有幼儿时期。

当孩子渐渐适应了你的缺位，适应了没有情感陪伴和交流的日子，他会以为他不需要陪伴，只需要物质。所以他不停地向你索取物质，以证明你是爱他的。为什么有些孩子得不到物质满足就会大哭大闹？不就是因为父母一直在用物质表达爱吗？而那些能经常得到父母陪伴和情感交流的孩子内心更有安全感，不会因为偶尔的得不到就情绪崩溃。

所以不是孩子不懂事、难沟通，而是我们没有教会孩子如何沟通。

情感和关系是在频繁的互动和交流中建立起来的，而不是由冷冰冰的物质给予建立起来的。即便是家里的小狗也不能只给吃喝，也需要时不时抱在怀里说说话。而情绪管理、述情、共情等沟通方法也是在这个过程中传递给孩子的。

我们如何平衡这一切呢？

**幼儿时期，要倾向于情感的陪伴与交流**

父母的无奈是，无法很好地兼顾赚钱与陪伴孩子，但我们可以根据孩子的需求做取舍。在幼儿时期，他们更需要的是父母的陪伴，爱的缺失对他们的一生来说都是不可弥补的损失，而对物质的需求并不是那么强烈和急迫。所以这个时期，父母可以把工作减一减、放一放，在保证有基本的物质生活条件的基础上，把更多的时间和精力留给孩子。另外，也尽量不要把孩子丢给老人抚养。

**在给予物质的同时不忘表达爱**

不是不可以给孩子更好的物质生活，充足的物质生活也是孩子丰富的精神生活的基础，但是，父母不能只知道给物质，而不懂得表达爱。在给予物质的同时，如果能兼顾情感表达，则可以让孩子更好地感受你的爱。例如，孩子生日了，你送给他一个梦寐以求的生日礼物，同时附上温情的语言："爸爸知道你喜欢这个玩具，跑了好几个地方才买到，虽然爸爸不能经常陪你，但不管在哪里都惦记着你呢。"也可以附上一张小卡片，用拼音写上你想说的话。这样，物质就成为你与孩子之间的情感纽带，而不只是冷冰冰的物质。

有一部分父母并不是没有表达情感的这个意识，而是没有这个能力——羞于说爱。那么就要好好学习一下如何述情。假如一开始你说不出口，可以先写出来。也可以经常抱一抱孩子，陪他做一些他喜欢做的事情，这也是一种情感表达。

**利用多种方式与孩子进行沟通交流**

民国才女林徽因的父亲在她小时候也经常不在家，但父女之间的沟通交流并没有因此而中断。无论在哪里，父亲都会写信给林徽因，与女儿分享他的所见所闻及思想情感。还利用出差的机会把女儿带在身边。在父亲的精神滋养下，林徽因成长为一个高情商的孩子。

同为民国才女，陆小曼的父亲倒经常在家，可他只知道给

予女儿物质满足，不懂情感交流，致使陆小曼成长为一个物欲极度强烈的人，晚年竟然会为了物质出卖自己。

如果无心，即使孩子在你身边，你也不会跟他交流；如果有心，即使远在天边也依然可以与孩子联络情感。而因工作忙完全无法陪伴孩子则是一个借口。现代人的沟通交流工具那么多，电话、语音、视频，都可以弥补父母不在孩子身边、无法与他交流的遗憾。

物质只是情感的载体，但不等于情感本身。你能够给予孩子的也不仅仅是情感的载体，还有情感。只要你这样的意识足够强烈，就会想办法去做。

## 沟通时，忽视孩子的感受和需求

沟通不仅仅是沟通事情，更是通过交流和互动了解对方的感受和需求，并尽量满足。说起理论，大部分的父母都知道，但一执行起来好像就跑偏了。

每天晚上9点之前必须睡觉！

妈妈说话的时候，不许插嘴！

玩完玩具以后要把玩具放回原处！

就买这双鞋，那双鞋不好看！

多吃苹果，苹果对身体好，西瓜少吃一点。

不要和这个小朋友在一起，小心跟他学坏了。

这是沟通吗？这是发布命令和要求——按我说的去做，满足我的要求！这和真正的沟通背道而驰。我们和成人说话的时候好像不大会这样，而是更倾向于商量或建议，但一和孩子说话，就很容易变成这样的口吻。

这是因为，首先我们认为，孩子能有什么想法，他怎会知道怎么做是正确的，只需要听我的就可以了。轻视孩子的想法，很容易导致我们在和孩子沟通时，把沟通变成命令和要求。

其次，这些要求看起来都是正确的。早睡早起不对吗？小孩子不插嘴不对吗？和品性更好的小朋友玩不对吗？但问题是这是你认为的正确，还是孩子认为的正确。即便是正确的，孩子当下就必须执行吗？还有，追求正确就可以完全忽略感受吗？

仔细分析一下，这些要求的背后是不允许：

每天晚上不允许9点之后睡觉。

妈妈说话的时候，不允许你插嘴。

玩完玩具以后不允许乱放。

不允许你买那双鞋。

不允许你多吃西瓜。

不允许你和那个小朋友一起玩。

无论你说的是错是对，只要含有不允许的意思，都会遭到孩子的排斥和反抗。我们为什么习惯于这样说话？因为我们在表达时没有考虑到孩子的感受和需求，考虑的都是自己的感受

和需求。

你必须在9点前睡觉，这样我才能安心。

我说话的时侯，你不许插嘴，这样我才舒心。

玩具不能乱放，这样我就不需要整理。

不允许你买那双鞋，因为我喜欢这双鞋。

不允许你多吃西瓜，因为我认为苹果更有营养。

不允许你和那个小朋友玩，因为我不喜欢他。

这些难道不都是父母的感受和需求吗？

一旦你考虑的是孩子的感受和需求，你说话的方式、内容、处理事情的结果马上就会改变：

已经9点了，但你现在好像还不困，那就等一会儿再睡吧。

你又插嘴了，对爱说话的你来说，不让你插嘴可能太难受了。

我喜欢把玩具摆放整齐，但你好像不在意这些。好吧，那就乱乱的吧。

我喜欢这双鞋，但你喜欢那双鞋，毕竟是你穿，就买你喜欢的吧。

我喜欢吃苹果，你喜欢吃西瓜，看来我们俩的口味和身体所需都不太一样，那就我吃我的苹果，你吃你的西瓜吧。

我不太喜欢这个小朋友，但你好像很喜欢他，或许妈妈需要重新了解他。

瞧，当你考虑到孩子的感受时，你的思维方式就变了。

怎么变化的呢？从一元关系变为二元关系了。前文提到，所谓一元关系，是指一个人只看到自己的意志，只感受到自己的感受，看不到别人的感受。而二元关系是指，一个人不但能看到自己的感受，也能看到并尊重另一个人的感受。并且意识到，只要是一个独立的生命，不管他的年龄有多小，他的感受都值得被尊重。一旦你的内在逻辑是二元关系，沟通和相处就会变得很容易。因为任何一个人被他人"看见"都会感到愉悦和幸福。

除此之外，我们还需要了解，成人由于经过社会规则的训练，思考问题习惯从正确出发。而幼儿处于全能自恋期，做什么事情都是从快乐出发。这就使得父母和孩子在沟通时经常发生矛盾。其实这两者没有对错。人要活得好，需在这两者之间找到平衡。所以我们在与孩子沟通时，要兼顾孩子的感受，同时引导孩子做正确的事情。如何兼顾正确与快乐呢？就是我们后面会讲到的——允许孩子在正确的范围内做快乐的事和允许孩子在愉快的状态下做正确的事。而不是一味用正确的标准来强迫孩子牺牲快乐。这需要我们把正确的标准放宽一些，同时允许孩子拥有一些无关大是大非的小快乐。

要实现这一点，需要父母有以下几种领悟。

**要能够看见并允许孩子快乐**

看到这个标题，有些家长可能不解了："我还能看不到孩子的快乐，我还能不允许他快乐？"你别说，有时还真不能。

"每天晚上9点之前必须睡觉！"这时，你看到的是9点钟孩

子还不睡觉这件事情，没有看到孩子此刻玩得非常快乐的心情。

"不要和这个小朋友在一起，小心跟他学坏了。"这时，你看到的是对错，而没有看到孩子交朋友的单纯和快乐。

"妈妈说话的时候，不许插嘴！"这时，你看到的是这个爱插嘴的小孩给你带来的烦恼，没有看到一个具有强烈表达欲的小孩说话时是多么快乐。在看到别人的感受这一点上，其实人类并不擅长。

我所在的培训机构有一个同学，学习非常好，但他有一个毛病，就是爱插嘴。我纠正过他很多次，但他一直改不掉。有一天我看到一本书，作者说他上小学时最痛苦的事情就是老师不允许他插嘴，然而他实在太喜欢说话了，所以整个小学阶段他都在痛苦中度过。看到这里我突然意识到，我只看到了对错或大多数同学的感受，却没有看到这位同学的感受。难道他的感受不重要或者不对吗？毕竟快乐无罪！

后来，我举办了演讲赛、辩论赛，让那些有强烈表达欲望的孩子上台讲话。再后来，这位同学告诉我，他现在好像不是那么想插嘴了。

我们要允许孩子释放他的快乐！如果他的快乐妨碍了别人或失去了度，我们要做的是引导，而不是强迫他放弃。

例如，孩子总是睡觉比较晚。那我们要看看他不睡觉的时候在做什么，这些事情能不能安排在白天做，或者允许他再晚睡半小时，或者让他试试早睡早起和晚睡晚起有什么区别，至少别在当下立刻中断他的快乐。

**不要把自己的需求投射到孩子身上**

有时，我们分不清楚对他人的要求是他人的需要还是自己的需要。

例如，玩完玩具以后要把玩具放回原处！因为这样看起来很整齐，感觉舒服。但是，整齐、舒服是你的需要，不是孩子的需要。因此他不配合你的要求。

"就买这双鞋，那双鞋不好看！"让孩子听从你的审美感，这更是你的需要了。

"多吃苹果，苹果对身体好，西瓜少吃一点。"或许你的身体真的需要更多苹果所有的味道和营养，但孩子的身体可能需要的是西瓜所有的味道和营养。

孩子说吃饱了，你说："你才吃了那么一点，怎么会饱呢？来，再吃一点。"这就叫作"妈妈觉得你饿"，这很明显是把自己对食物的需求投射到了孩子身上。

把自己的需求投射到孩子身上，是因为自己的需求未被充分满足，而不是孩子的需求未被满足。所以这个时候应该做的是自己去满足自己的需求，而不是要求孩子满足自己的需求。

其次，是因为我们对"界限"的认知太模糊，我们把孩子当作我们的"附属品"，认为我们可以干涉他们的生活。我们也不相信他们的感受，认为自己的感受更正确。实际上，每个人的感受只有他自己最清楚，哪怕他是幼小的孩子。如果我们

管好自己的需求，不越界，不想当然地替孩子感受，并相信孩子的感受，那么沟通中的冲突就会少很多。在不越界的同时，如果我们还能主动去了解孩子的感受和需求并满足他们，那么沟通将会顺畅很多。

总之，在沟通中，看到、重视并相信孩子的感受和需求，不强迫孩子必须按照父母的感受去生活，那么彼此都会愉快许多。

## 重视语言沟通，忽视非语言沟通

提到沟通，有些父母可能会说："我很重视和孩子之间的沟通，每天都会和孩子说很多话。"但沟通仅仅指的是语言交流吗？仅仅有语言交流就够了吗？

2~6岁的幼儿语言表达能力还不是很好，并不能畅所欲言地和父母交流。尤其是两三岁的孩子，掌握的词汇都没多少。当然，语言并非无所不能。有时，我们苦口婆心、喋喋不休，但孩子无动于衷，甚至还会反感、排斥我们的语言教育。所以，语言沟通并不是在任何时候都能达到我们想要的效果。

既然这样，还有什么沟通方式可以弥补语言沟通的不足呢？

肢体语言和表情语言

在孩子刚刚出生还不会说话时，我们是完全使用肢体语言和表情语言去和孩子沟通的。孩子哭泣时，我们赶紧去抱他，拍着他的背部轻轻摇晃，是在告诉他："不要哭，妈妈在，你怎么了？"我们会用眼神、微笑、鬼脸等各种表情逗孩子开心，还会时不时亲吻孩子的脸颊传递爱意。但当孩子会说话以后，这种沟通却渐渐少了。

的确，语言沟通更方便快捷，但肢体语言和表情语言却更能传递情感。无论是表达正面感受还是批评，如果能同时给孩子一个深情的注视和拥抱，一定更能让孩子感受到你对他的爱。同时，沟通时，如果你的面部表情温柔、活泼、轻松一些，一定比毫无表情只有硬邦邦、冷冰冰的语言更让孩子舒心。那么，无论沟通什么，都会顺畅许多。

为什么随着孩子年龄的增长，我们渐渐忽略了肢体语言和表情语言的沟通呢？那是因为我们更倾向于沟通事情、有事说事，而不够重视或不善于情感的沟通。小时候抱孩子是不得不抱，长大了为什么还总是抱他？殊不知，拥抱、亲吻和丰富的表情作为情感表达的方式在孩子的任何年龄都需要，成人之间也需要。

行为语言

如果说语言对幼儿有心理暗示作用，那么行为更会对孩子产生影响。尤其是幼儿，父母的一切都是他们的模板。父母爱读书还是爱玩游戏，父母修养良好还是粗俗不堪，孩子看在眼里学在身上，都不需要父母去教。幼儿没有辨别好坏的能力，他们的自我形成只能是向父母趋同，父母的行为告诉他们：我

可以做，你也可以做。所以行为是一种无声的语言。比如你每天都专注、投入地读书，不就是在告诉孩子：瞧，读书是一件多么有趣的事。这种行为比说一百句"你要好好读书"都管用；如果你用完某样东西都放回原处，那么孩子大概率上也会养成随手收拾东西的习惯。

给孩子一个好的行为模板，很多事情就不需要语言沟通了。这个道理父母并非不懂。但为什么很多父母还是更喜欢用语言去教育孩子，而忽视行为的影响呢？因为口头教育孩子很容易，只需要动动嘴就行了。而用行为去影响孩子需要改变自己，付出努力，这会比较辛苦。拣容易的事情做是人的本能。所以大部分的父母都更习惯于苦口婆心、喋喋不休，甚至歇斯底里，因为这几乎不需要什么能力，尤其是挑剔、批评、指责孩子就更容易了，只需凭本能发泄情绪就行了。

所以，更喜欢用言语去教育孩子，不过是源于人性中的懒惰和自私罢了。而更负责任的父母则默默地身体力行，让自己成为孩子最好的模板。

**环境影响**

如果父母觉得自己无法成为孩子的榜样，那么给孩子创造相应的条件和环境，去带动和影响孩子，也比单纯的语言沟通更管用。例如，你想让孩子专心吃饭，那么吃饭的时候大人就不要看电视、玩手机、过多地说话，孩子就会专注一些；你想让孩子远离电视、放下手机，那么不妨给孩子买好漂亮的运动服、跑鞋和各种球，然后带他去户外运动。如果你可以接受的话，家里甚至可以不装网络。有个作家完全没有现代人都有的手机瘾，因为他家里根本就没有装网络。所以，想让孩子的行为朝什么样的方向发展，只需要为他营造相应的条件和环境即可。如果你把家里其中一个房间装修成书房，孩子就会在里面读书。但如果你把这个房间装修成健身房，孩子就会在里面锻炼身体。

有了适宜的环境，就能省却无数语言。而孩子对环境的接受和适应能力要比语言更强。因为环境对孩子的影响是悄无声息的，缓慢的，孩子不会那么排斥。而用语言去教育孩子多多少少都带有一丝强迫和急躁。

这可能也是一些父母更愿意用语言去教育孩子的原因之一，影响的效果太慢，而让孩子改变和成长的心情却过于迫切，这种心情导致我们总是忍不住地去挑剔、批评、指责孩子。但孩子的成长的确是缓慢的，不可能你按下一个按钮，他就会立刻执行你的指令并达到你想要的效果。我们要能够接受孩子的现状，耐心地等待孩子慢慢成长。

有句话叫作"沉默是疯狂的交流"。我们拥抱孩子，用充满爱意的眼睛深情地注视孩子，和孩子坐在温馨的台灯下读书，这时，时间停滞，爱意流动，何尝不是一种浓浓的情感交流？我们专注自我，认真工作和生活，努力活成最好的自己，给孩子一个最好的爸爸或妈妈，用榜样的力量影响孩子，这时，无须沟通，一切就都会朝着好的方向发展。

# 执着于塑造孩子，忘记自我成长

在教育孩子的过程中，限制、改造孩子的言行极易出现，尤其是用社会的统一标准来塑造孩子。

开朗、嘴甜的孩子更受欢迎，可是你的孩子却腼腆、内向，于是每次出门你都要求孩子："叫阿姨啊，快叫呀！"

这个世界上大多数人都惯用右手，孩子写字、吃饭却用左手，这怎么行！于是你时不时就冲孩子吼："怎么又用左手，换过来！"

女孩子一定要乖巧、淑女，坐有坐相站有站相，可是你的女儿却大大咧咧像个男孩。于是你一看见就纠正："坐好咯，说话声音小点！"

这特别容易导致摩擦。因为处于"全能自恋和自我中心化"时期的幼儿渴望"为所欲为"。所以，你一改造，他必反弹。因此，哭闹的行为也极容易发生。

我们为什么热衷于改造孩子？源于许多父母心中都有一个"理想小孩"，这个小孩乖巧、听话、懂事、优秀。嘴边还有一个"别人家的小孩"："你看看别人家的谁谁谁怎么怎么样，而你……？"因为这个"理想小孩"的存在，所以父母无法接纳眼前这个不理想的小孩，于是，挑剔、批评、指责就出现了。

但父母们有没有想过，孩子固然不是你心目中的理想小孩，你又何尝是孩子心目中的理想父母？假如孩子会反驳，他们可能也会说："你看别人家的父母怎么怎么样，而你……？"但是，就算是大一些的孩子，也很少做这样的对比。

显然，和执着于塑造孩子的父母相比，孩子对父母的接纳程度更高。尤其是幼儿，无论父母优秀还是平庸，他们对父母的爱都一样。在孩子人生的初期，我们教育孩子的目的其实可以不用那么功利。

但是，我们依然希望孩子可以成长得更好，并在这个过程中与我们相处和谐，沟通顺畅。这需要我们放下对理想小孩的期待，同时关注自我的成长。

放下对"理想小孩"的过分期待及改造孩子的念头

前文提过，网络上有一则视频，视频中的妈妈这样教育自己4岁的女儿："我心目中的孩子不是你这样的，我心目中的好孩子听话、不会和妈妈犟嘴、不会惹妈妈生气、不会让妈妈伤心。"

可这话让孩子听了多伤心呀——妈妈不喜欢我这样的孩子，她喜欢她想象中的那个孩子。

假如我们的伴侣也这样对我们说话："我心目中的妻子不是你这样的，我心目中的好妻子温柔、贤惠、善良，不会总是和我吵架、惹我生气。"你听了会做何感想？你一定会炸了——"那就离婚呀！"

但是，孩子没办法和父母"离婚"。他只能要么反抗，要么默默承受。无论哪种选择，都会对亲子关系造成损害。所以，用理想中的那个孩子来要求现实中的这个孩子，必然会带

来沟通中的麻烦和关系中的极大冲突。而真爱是接受孩子的真实样子。我们可以帮助孩子慢慢变好，但必须接受他现在的不好。

因为"理想小孩"根本不存在。没有谁可以活成我们期待中的样子。即便我们刻意去培养，孩子的意志和发展也不会完全受我们操控。尤其是2~6岁的幼儿，他们腼腆害羞、撒泼打滚、自恋自私，和理想小孩相差甚远。如果我们不接受他们，就是与我们自己和孩子作对，在这种状态中，如何能实现愉快地沟通？

所以，放下对理想小孩的期待，不执着于改造孩子，每一分、每一秒都与真实的孩子发生碰撞，你会发现，自己的内心不再纠结、焦躁，而沟通也会变得容易许多。

自我成长，活出更好的自己

在放下对理想小孩的期待的同时，父母应该提高对自我的期待和要求。这样做有以下几个原因：一，成为更好的自己，用行为和环境去影响孩子；二，把注意力从孩子身上移到自己身上一些，就不会对孩子的成长过于焦虑，也不会再过于执着地改变孩子；三，通过自我提升，学习更多教育孩子的方法，比如儿童心理学、如何管理自己的情绪等，会帮助你更好地与孩子沟通。

这会使你更容易接纳孩子、与孩子共情。因为你会发现，无论是孩子还是成人，改变与成长都是不易的，都会经历某种

程度的痛苦。比如，让内向的孩子向别人打招呼，这并不容易做到。让一个习惯用右手的孩子一定要使用左手，这更难。而一个多年停滞成长的父母是体会不到被改造的痛苦的。

一个越是停止自我成长的父母，越是致力于"塑造"孩子，把自己的生活甚至未来的幸福都与孩子捆绑在一起。而一个越是文化素质低的父母，越是不知如何与孩子沟通，只会采取简单粗暴的方式如打骂等与孩子交流。所以，提升自身素质可以解决一部分沟通问题。

这或许有点辛苦，但做父母从来就不是一件轻松的事情。而且，沟通是双方的事情，即便你有一个容易沟通的孩子，但不懂沟通的父母也会把它搞砸。

不要总是向孩子表达"爸爸（妈妈）希望你怎么做"，也可以问问孩子，他希望中的爸爸妈妈是什么样的：不骂人、不发脾气、不唠叨、多陪伴……当你听到这些答案时，你可能会明白，沟通出现问题的原因不全在孩子身上。

大多数父母都活成了平凡的模样，却妄图用一张嘴教育出一个优秀的孩子，这是教育中的矛盾所在。如果我们专注于成为更好的自己，用自身去影响出一个优秀的孩子，便可以解决这个矛盾。

心理学家李雪说"最好的教育是不教育"，教育专家尹建莉说"最美的教育最简单"。"不教育""最简单的教育"指的是什么呢？我想，就是不刻意塑造孩子，尤其是不用负面语

言改造孩子，不跟孩子较劲儿，而是专注自己，活成最好的自己。当父母活得足够好，你的状态就会影响孩子，使孩子也在轻松的状态下成长为最好的自己。

# 03

## 情绪管理：在正面的心理能量下进行沟通

　　负面情绪是沟通的"杀手"。我们要"杀掉"这个杀手，就必须学会情绪管理。从觉察自己的情绪开始，掌握自己的情绪敏感点，改变自己的认知，关注孩子的感受，不做假设，还要教孩子学会用语言表达自己的情绪。最后，还要拒绝暴力沟通。这样，才能始终在正面的心理能量下进行沟通。

# 情绪管理在沟通中的重要性

我曾经有一位同事，大部分时间我们都相处得不错。可每当就工作中出现的一点小问题进行沟通时，就让我产生了不想和他做同事，恨不得马上辞职的想法。因为这时，他总是习惯于指责，言语中充满了不满、责怪等负面情绪，我在一次又一次"你错了！你又错了！"的潜台词中，恨不得马上逃走，再也不用见到他。

还好，他只是我的同事，我可以选择离开。假如他是我的亲人，我不敢想象，那是怎样的地狱。可是，有的人却生活在这样的地狱中，他们要长期面对一位不懂沟通、喜欢用负面情绪伤人的亲人。如果是一位成人，他也可以选择离开。但如果是一个孩子，他别无选择，只能承受伤害。

对于幼儿来说，若经常被父母的负面情绪"攻击"，可能会有以下几种结果：一是部分孩子不敢反抗，凡事小心翼翼，言行看父母的脸色，形成讨好人格和唯唯诺诺的性格；二是部分孩子不甘忍受伤害，于是哭闹、摔东西，形成叛逆的性格；三是还有一部分孩子既不敢反抗又不想忍受伤害，于是学会了逃避，父母说什么只当没听见，耳朵和心都屏蔽父母的负面语言，但伤害可能会进入潜意识。无论哪一类孩子，负面情绪都必然给他们带来伤害。

负面情绪伤害的不仅是被"攻击"的人，也包括发泄情绪的人。有多少父母在打骂完孩子后会和孩子一起哭，后悔自己不能控制情绪，明明爱孩子，传递给孩子的却是伤害。同时，心中充满负面情绪也使自己接收不到孩子传递的情感。

而当彼此的情感受到伤害后，双方首先要做的是处理自己的情绪，平复自己的心情，而不是沟通。这时沟通就会被中断、搁置，甚至无法再重新沟通。这就是负面情绪对沟通、关系造成的最大影响。

怎么改变这种情况，把情绪对沟通造成的影响降到最低？

其实，面对令自己不满的人和事，我们还有另外一个选择，那就是管理好自己的情绪，然后再沟通。

我的同事发现我在工作上出现了失误，非常不满，但他并没有马上指责我，而是先通过情绪管理让自己的内心平静下来，然后再和我商量怎么解决工作中出现的问题。等问题解决之后，他冷静客观地指出了我在工作中的问题，而我也平静地接受了。

这样的沟通方式理智又客观，语言没有攻击性，所以我不会因为他指出我的错误而产生任何不舒服的感觉，当然也不会影响我们之间的关系。而之前的沟通方式是不进行情绪管理，先指责我，然后我们双方带着情绪去解决问题。这两种沟通方式虽然都能解决问题，但前者却会伤害感情、破坏关系。

如果父母经常用第一种方式和孩子沟通，必然会使孩子陷

入一段纠结的亲子关系中，一边抗拒父母带给自己的伤害，一边又要依赖父母生活，那么孩子的内心就会变得分裂。

所以在沟通中，管理好自己的情绪非常重要。如何管理自己的情绪呢？

**首先，要了解情绪管理的定义**

管理情绪和控制情绪不是一回事儿。控制情绪是压制情绪，表面上看起来没有情绪，但心里有，也就是我们常说的"忍"。控制情绪在短期内可以减少沟通中的摩擦。但忍字心上一把刀，忍久了就会忍出心理疾病来，如自卑、讨好、抑郁症等，甚至发展出极端的性格，带来可怕的后果。例如震惊所有人的"北大学子弑母案"，就是当事人负面情绪被压抑太久，导致突然在某一天以极端的形式爆发。

而管理情绪是调控情绪，表面上看起来没有情绪，心里实际上也没有，或者很少。调控情绪无须压制情绪就能保持情绪稳定、心平气和。简单地说就是，控制情绪是委曲求全，内心并不快乐；管理情绪则是内心强大，很平静很快乐。我们提倡的是后者。

**其次，要掌握情绪管理的方法**

无须压制情绪就能保持情绪稳定，如何做到呢？第一，要懂得觉察自己的情绪。在情绪即将产生或产生以后，要有所觉察，然后做出相应的反应。第二，要知道情绪产生的诸多原因，并做出相应的改变。第三，要懂得2~6岁幼儿情绪的特点，并知道如何应对。2~6岁幼儿的全能自恋感、自我中心化都比较严重，又没有发展出自我和超我，做事情的唯一动机就是满足本我，这些人格特点使他们特别容易产生不满情绪。另外，幼儿的语言表达能力较弱，有情绪不会表达，所以特别容易哭闹。他们的负面情绪和哭闹行为也会刺激父母的情绪。但如果父母了解幼儿的这些心理特点，并知道具体该如何应对，心里就会镇定许多。

最后，要帮助孩子管理好自己的情绪

在沟通中，双方的言行、情绪都会相互刺激，所以父母只是管理好自己的情绪是不够的，还要帮助孩子管理好他的情绪。可以通过三方面来帮助孩子。首先，父母先管理好自己的情绪。一般情况下，父母情绪稳定，孩子就不太容易起情绪。这样做也是给孩子做榜样。其次，当孩子因未得到满足产生情绪时，父母可以通过及时满足来消除或缓解他们的负面情绪。经常被满足的孩子，不容易产生负面情绪。再次，可以通过引导他们表达来让他们"说"出自己的情绪，会说出情绪就不容易乱发脾气。在不会说出情绪之前，哭闹就是他们唯一且最好的表达情绪的方法。所以，不能总怪孩子爱哭闹、乱发脾气，要想一想我们有没有把正确表达情绪的方法教给孩子。3岁以上的孩子，可以引导他们学习觉察、改变认知、共情等管理情绪的具体方法。

接下来，我们会具体地学习这些管理情绪的方法，以及如何在管理好情绪的情况下更好地沟通。

# 觉察自己的情绪

我曾是个情绪比较容易激动的人，和别人讨论问题时，声音会不由自主地大起来，这时对方会说："情绪不要那么激动嘛？"我总是会反问一句："有吗？"这种反问并不是不承认自己情绪激动，而是我真的没有意识到自己情绪激动。前几天，我和一个朋友交流一件事情，过程中倒也顺畅，朋友也没有什么不快。但就在我说完一段话之后，我突然意识到："我情绪好像有点激动，说话的声音好像有点大。"但因为表现得并不明显，朋友并没有察觉。我自己却觉察到了。这让我又惊又喜。惊的是经过这么多年的学习和成长，我依然还有情绪激动的时刻。喜的是，我现在能够很容易地觉察到自己的情绪了，哪怕是这么细微的情绪变化。

当你的情绪到来时，你能觉察到吗？这是情绪管理的第一步。只有觉察到自己起情绪了，你才会问自己："我为什么又起情绪了？我要管理好自己的情绪哦。"这就是觉察情绪的作用——提醒和驱使。提醒作用就好像十字路口的红绿信号灯一样，当觉察到自己有负面情绪时，你会提醒自己——停！不要再往前走了，再往前走就会出现事故——吵架、恶语伤人、破坏关系等。而觉察到自己处于正面情绪中时，你也会提醒自己——目前沟通气氛良好，可以继续沟通。

那么觉察情绪的驱动功能是什么呢？是促使人做出思考和

改变。当意识到自己有负面情绪并喊停之后，接下来你不由自主就会做出思考：因为什么我又起情绪了？以后怎么做才能避免再起情绪？我要为我因情绪伤害了别人向对方道歉。

如果你每次都能在起情绪后做出这样的思考和改变，渐渐地，你会发现，你不会那么容易起情绪了。或者在起情绪之前就能有所察觉，然后避免。这时你的情绪就得到了有效的管理。这就是通过觉察自己的情绪来管理自己的情绪。

就算你做不到第二步，单单是"提醒"都会让你产生很大的改变。

那么具体来说，如何通过觉察情绪来管理自己和幼儿的情绪？又如何使觉察情绪在亲子沟通中发挥作用呢？可以从以下几点去尝试。

**有不舒服的感受时，问问自己，为什么会有这种感受**

当孩子的言行让你感到生气或让你产生了其他不舒服的感觉时，问一问自己："为什么会有这样的感受？是自己过于焦虑，还是没搞清楚事实就胡乱猜测，或是对孩子限制太多，到底是哪一种原因使自己产生了情绪。产生情绪的原因合理吗？如果不合理，自己应该做出什么样的改变和成长？"

不管有没有找到答案，这么一问，自己就冷静了。

**想起情绪时问一问自己，发泄情绪会伤害自己和孩子吗**

当自己想起情绪时，问一问自己："我的情绪发泄出去会伤害自己吗？会伤害孩子吗？会让孩子不开心吗？"如果是，

就停止。然后再问自己："如何停止呢？我先一个人待一会儿，过一会儿再说。或者找一个人聊聊，问问他这件事值不值得发脾气。"当你做出这样的思考和行动时，情绪就已经被你按了暂停键。

当有某种情绪时，问自己，这种情绪是过多的情绪吗

当情绪过多时，也需要进行管理。每天都为孩子的成长感到焦虑，天天都在担心孩子不如别人家的孩子，因此特别容易挑剔孩子的言行。这就是情绪过多给沟通带来的障碍。为孩子的成长感到某种程度的担忧是可以理解的，但过分的担忧是不合理的。这种过分的担忧会给自己和孩子的心灵都带来某种程度的伤害，因此是需要进行管理的。

当你有某一方面的情绪时，问一问自己："这种情绪是偶尔出现还是经常出现？"如果是经常出现就需要管理了。

情绪最好的状态是不要太多但也不能麻木到没有，合理的情绪包括负面情绪会使我们生活得越来越好，但不合理的负面情绪一定要进行管理。

起情绪时，提醒自己及时喊"停"并做出思考和改变

如果情绪已经产生了，对孩子的怒吼和斥责已经冲口而出了，怎么办？如果你有所觉察，赶紧喊"停"。就像遇到了危险赶紧刹车一样，越早刹车越好。然后，回想一下，刚才是因为什么又没管理好自己的情绪。同时给孩子道个歉："对不起，爸爸（妈妈）没有管理好自己的情绪，请你原谅。"没

有人可以做到完全不发脾气，但是我们可以在发脾气后做出弥补，减少负面情绪对自己和孩子的伤害。

**提醒孩子要懂得觉察自己的情绪**

任何一种方法，只是父母学习是不够的，还要孩子一起学习。虽然对于2~6岁幼儿来说，这个方法比较抽象，但也不是不可以引导。当孩子有情绪时，也让他问一问自己以上那些问题，或者父母替他问出来，让他思考和回答，并引导他做出改变。从小学习，更容易管理自己的情绪。而一旦长大成人，形成惯性，就不好改变了。

**对自己的情绪进行记录**

记录自己的情绪也可以帮助自己管理情绪。可以通过表格来记录自己的情绪。

情绪觉察记录

| 日期 | 产生情绪次数 | 产生原因 | 情绪级别 | 情绪导致的后果 | 思考 | 改变 |
|------|------|------|------|------|------|------|
| | | | | | | |
| | | | | | | |
| | | | | | | |
| 总计/总结 | | | | | | |

通过这样一个表格，你可以清晰地观察到自己的情绪变化。今天内心起了几次负面情绪或感受，对孩子发了几次脾气，产生原因、情绪级别、后果各是什么，自己做出了怎样的思考和改变。一个月可以做一次总结，每个月进行对比，看看

自己有没有进步和变化。也可以用这个表格帮助孩子进行情绪觉察和管理，让孩子自己记录。

这个表格可以加深你对自己的认知和了解，也是一种提醒和警示。以前你只知道自己容易起情绪，但没有清晰的认识。现在你知道了你一天竟然发了这么多次脾气，可想而知孩子的心情。如果让孩子来记录他的情绪变化，每记录一次对他就是一次警示和促使反省的机会。

觉察自己的情绪是跟自己的情绪对话，通过觉察让自己冷静下来。同时，增加对自己的了解，然后让自己得到成长和改变。

当然，这些并不是一蹴而就的，需要一个过程，甚至是很长的过程。就像我一样，能把这些写得这么细致，但有时还是会不由自主地起情绪。这是因为，我们的潜意识里已经形成了某种起情绪的机制，有自己的情绪开关，只要他人一触动，大脑还没来得及思考，情绪就已经先产生了。如果有这样的时刻，我们也不用着急、生气，给自己一些时间，只要有了觉察的意识，这个方法就已经在发挥作用了。同时，我们可以和孩子沟通：妈妈对你发脾气，不是你的错，是因为妈妈没有管理好自己的情绪。如果以后妈妈再有这样的情况，你提醒妈妈，帮助妈妈管理好自己的情绪。我想，孩子大多是乐意这样做的。而坦诚的沟通也会让孩子觉得，妈妈虽然不完美，但很真实。

# 抛掉剧情，不再假设

情绪是一种主观感受，有时它并不建立在客观现实的基础之上。

孩子从幼儿园出来，你看到孩子身上满是灰尘，裤子膝盖部分都快破了，再仔细一看，脸上还有一道伤痕。你立刻火冒三丈："又跟别人打架了！才上几天幼儿园，就跟别人打了三架了。说，这次跟谁打架了！？"孩子不承认，你更生气了，一把拉起他的胳膊，准备去问老师。孩子又叫又喊，拼命反抗。

孩子真的打架了吗？可能是真的，也可能只是父母的猜想，一个还没有经过验证的猜想。而这就是我们很多时候产生情绪的原因之一。

父母回忆一下，有哪些时候，你是这样产生情绪的。

家里电视机开着，你冲孩子喊："你又把电视打开了！"

你的手机不见了，你又冲孩子喊："怎么又拿我手机！"

地上很脏："看你，把地上弄得乱七八糟！"

茶几上好几盒喝完的酸奶："你怎么喝这么多酸奶？"

以上这些，不管是不是孩子干的，至少在训斥孩子之前，你没经过验证。但是好像这并不影响你发脾气、骂孩子。因为按照以往的经验推断或者纯靠猜想，你就可以给孩子"定罪"了。那么这里面很可能就有"误伤"孩子的时候。

不是活在事实中，而是活在自己的设想中，这是人们产生

情绪的重要原因之一，也是人们徒增烦恼的重要原因之一。在这个时候，我们主观上制造出了一个"假想敌"——一个犯错误的孩子，我们和这个假想敌生气，受到伤害的却是现实中的孩子。

我们为什么会这样呢？首先，这和我们每个人的心理特点有关。因为不是每个人在这个时候都会做这样的假设，只有被孩子的这个行为刺激到了心里的某个点的人才会做这样的假设，然后产生情绪。这个心里的某个点与我们的潜意识和认知有关。

潜意识里我们就认为孩子是一贯调皮捣蛋爱打架的，那么一看到孩子身上很脏、脸上有伤，就认为孩子打架了，但可能这一次的事实并不是这样。如果是别的父母看到孩子这样，他可能首先想到的是"哎呀，孩子挨打了"或者"孩子摔跤了"，因为在他的潜意识里，他的孩子很乖又胆小，是不会打架的。所以，潜意识的不同决定了我们会做什么样的假设，会对什么样的事情产生情绪。

其次，和每个人的认知有关。有的人认为"地上乱七八糟也没关系""喝很多酸奶也没关系"，那么他就不容易做出"是你把地上弄得乱七八糟""是你喝了这么多酸奶"的假设，因为他对这些现象不敏感，也就不容易因此而起情绪。

所以，你在乎什么，才会做什么样的假设；你在乎什么，才会对什么产生情绪。

但是，因假设而产生的情绪却会对你和孩子造成伤害，尤其是孩子，假如他没有做，你也训斥他一番，他怎能接受呢？此时，就会造成冲突。

那么，如何管理这方面的情绪，使它不影响你和孩子之间的沟通呢？

**不假设，去弄清楚事实或等待真相，然后再沟通**

在没弄清楚事实之前，最好的方法是不假设，然后尽快弄清楚事实是怎样的。前面的例子中，看到孩子身上脏了，脸上也伤了，不要做任何的设想，马上去问老师发生了什么。如果真的是孩子打架了，弄清楚打架的原因、是谁的责任。如果确定是孩子的责任，这时再生气教训孩子也不迟。如果老师不在，没办法马上弄清楚事实，就要少安毋躁，不要设想，不要训孩子，可以暂时不和孩子沟通这件事情。可以先关心孩子的伤势，然后静静等待真相，等弄清楚了事实之后，再找机会和孩子沟通。

**忍不住假设时，问一问自己，这是事实，还是自己的潜意识和主观判断**

如果你做不到不去假设，那也没关系，因为我们每个人在面对一件事情发生时，都会忍不住分析，而在分析的时候免不了要假设。那么这时候不妨问一问自己："我的假设究竟是事实，还是我的潜意识，或者是我的偏见？"我们可以假设，但不能以假设给孩子定罪，也不能以孩子过去的表现来绝对推断孩子现在的行为。当你假设的同时还在做这样的思考，就不大

会产生情绪，因为这个时候你已经冷静下来了。"冤枉"孩子会有损孩子对你的信赖和与你沟通的热情，所以，尽量不以假设来判断孩子的所作所为。

假设其实是自己潜意识的投射，自己潜意识在乎什么、恐惧什么、讨厌什么，就会假设什么。这个时候，我们情绪产生的根源并不是孩子，而是我们自己。只有我们勇敢、诚实地面对自己，才能不再假设。

心理学家李雪说："很多时候，我们不是活在真相中，而是活在自己编织的剧情中。遇到什么事情，不去探究真相，不愿或不敢面对真相，而是自己编织剧情，演内心戏。这是我们很多时候活得痛苦的原因之一。"所以假设不仅会对孩子造成伤害，也会对自己造成伤害。

如果我们总把假设当事实，生活在剧情中，一天就有很多情绪要起，那么和孩子就会有很多摩擦。所以，让我们抛掉剧情，不再假设，客观地和真实的孩子相处，沟通就会变得容易，关系就会变得和谐。

## 掌握自己和孩子的情绪敏感点

面对幼儿身上同样的行为，有的父母会起情绪，有的则不会。就是同一个父母，也不是对幼儿身上的所有言行都起情绪。这就说明每个人都有自己的情绪敏感点。只有孩子触碰到了你的情绪敏感点，你才会起情绪。这个时候，就如同按到了一个开关一样，"啪！"你的情绪就在那一刻爆发了！

例如，我就有几个情绪敏感点。第一个，我不能容忍别人讲废话。在沟通中，只要碰到说话东拉西扯、啰啰唆唆的人，我的心情立刻焦躁起来，会马上打断对方："请讲重点！"第二个，我不太能忍受固执的人。如果一个人听不进去别人的意见，过于坚持己见，我的情绪马上就会告诉我："停！不要再和他沟通了，你俩不在一个频道。"然后我就会立刻中断沟通。

如果换一个人，会不会对这两种行为无法容忍呢？一个本身就喜欢说废话的人，一个在关系中更加善于妥协的人，这两种行为可能就不会激起他的情绪。

那么在亲子关系中，情绪敏感点是如何发挥作用、影响沟通的呢？

有的父母看到孩子身上很脏，马上就开始嚷嚷："哎呀，你怎么吃成这样？就不能小心点！"那么换一个父母呢？有一次我到一个朋友家去玩，她的女儿4岁多，爱吃爱喝，经常把衣服弄得脏兮兮、湿漉漉的。但朋友完全不在意，她说："小孩子嘛，就是脏脏的，多洗几次澡、多洗几次衣服就行了。"果然，她一天给孩子洗了三次澡、换了三次衣服。

你当然可以说这是一个更宽容、更有耐心、更勤快的父母，但何尝不是她对"弄脏衣服"这个行为不那么敏感呢？

同样地，你如果对小孩子打架这个行为不那么敏感，你就不会看到孩子打架了就起情绪。

你如果对家里开着电视但没人看、浪费电这个行为不敏感，你就不会因为孩子把电视打开、人却跑开了而冲孩子嚷嚷。

你如果对家里乱七八糟这个现象不敏感，你就不会因为孩子把地上弄得乱七八糟而生气。

孩子的这些行为之所以会惹你生气，是因为它触碰到了你的情绪敏感点，按动了你的情绪开关。这个时候，情绪以火箭升空的速度迅速控制了你的大脑，使你完全没有时间做理性的思考就开始发脾气。假设也是这样。孩子的某个行为启动了你的情绪按钮，然后你迅速开始假设，假设又导致了情绪。

那些非常容易起情绪的人，是因为他比别人拥有更多的情绪按钮。但如果我们不能控制自己的情绪按钮，我们就会被情绪控制。甚至，情绪按钮会成为我们的软肋，使我们被别人控制。比如体育场上、谈判桌上，厉害的对手会捕捉到我们的情绪敏感点，然后想办法扰乱我们的心智，最终获得比赛或谈判的胜利。在亲子关系中也会出现这样的情况，如果父母总是训斥孩子，使孩子形成叛逆情绪，他也有可能捕捉到父母的情绪敏感点，然后故意做出某种行为激怒父母。

如果我们不能掌握自己的情绪敏感点，就会成为情绪的奴隶，然后成天对孩子大呼小叫，影响自己与孩子的沟通和相处。同样地，孩子也有自己的情绪敏感点，如果我们不知道孩子的情绪敏感点，我们也会经常按动孩子的情绪开关。所以，我们必须掌握自己和孩子的情绪敏感点，并想办法让它消失。

先来看看每个人的情绪敏感点是怎么形成的。

和原生家庭或童年经历有关

大部分人的情绪敏感点都和自己的原生家庭或童年经历有关。比如，如果你从小成长在一个爱干净甚至有点洁癖的家庭中，那么你就无法容忍孩子脏兮兮的。如果你的家风很节约，你就不能容忍孩子或家人把电视打开却不看。而我，因为我的爸爸是一个有点固执的人，所以我对固执这个人格特点特别敏感，能迅速识别出谁固执，并立刻对他产生排斥情绪。所以，每个人的情绪敏感点都和自己的原生家庭或童年经历有关。

和自己的特殊认知有关

由于每个人的成长经历和职业习惯不同，又使每个人形成了一些固有的认知。比如"我的孩子就应该特别优秀或完美""女孩就应该乖巧""男孩怎么可以不勇敢"，这些特殊认知也会形成你的情绪按钮，一旦孩子的某些行为不符合你的认知，就会启动你的情绪按钮，使你产生情绪。而我"不喜欢别人说废话"这个情绪按钮则是因我的职业习惯产生的。由于经常写作，使得我的语言表达和文字表达与他人比起来更为精准一些，很少说废话，所以我也容忍不了别人说废话，认为说废话是低效率的沟通。

那么针对这两种形成原因，我们该如何让自己的情绪敏感

点消失，使它不成为我们和孩子沟通中的障碍呢？

**试着主动承受这个情绪敏感点**

原本你的情绪敏感点是"无法容忍孩子把家里弄得乱七八糟"，但现在试着承受这一点。当家里乱的时候，不去收拾，让自己习惯家里稍微乱一点的样子，或者看久了你会觉得好像也没有那么乱；原来你的情绪敏感点是"无法容忍孩子过于吵闹"，但现在试着承受这一点。当孩子吵闹的时候，你闭上眼睛，听一听他在吵什么。孩子吵闹得很开心，而你，能不能也享受这种开心？经过多次这样的主动承受，你会发现，你以前非常介意的事情现在不那么介意了。这对于自己是一种突破和成长，因为以前做不到的事情现在能够做到了。

**告诉孩子自己的情绪敏感点是什么**

在承受的同时，你也可以告诉孩子："妈妈一看到家里乱七八糟心情就很不好，你可不可以配合妈妈一下，玩完之后把玩具收拾到箱子里呢？"或者说："妈妈喜欢安静，一听到特别吵闹的声音头就疼，你的声音可不可以小一点呢？这样妈妈的头就不疼了。"让孩子知道他的什么行为会使你产生负面情绪，并且是用述情的方式告诉他，那么孩子不会一点都不配合。有时候孩子惹我们生气是因为他也不知道他的哪个行为会惹我们生气，他不了解我们的情绪敏感点是什么。所以我们要告诉孩子，让孩子了解我们。如果不告诉孩子我们的情绪敏感点是什么，而只是简单粗暴地训斥孩子，会使孩子感到："我到底哪里错了，妈妈怎么这么容易生气。"

假如能把以上两点结合起来使用，那么渐渐地，你就会变得不再那么敏感，孩子的行为也会有所收敛，你们之间的冲突就会越来越少。

**尊重孩子的个体行为**

假如你无法很好地承受自己的情绪敏感点，孩子也一时无法改变他的行为，那么还有一个退而求其次的做法，就是什么都不改变，尊重孩子的个体行为。首先要明白自己产生情绪是因为自己的情绪按钮，而不是孩子的行为。比如我容忍不了别人说话啰唆，那是因为我自己说话较为精准，所以更喜欢表达精准的人。而且我经过职业训练，所以能做到说话精准。但大部分的人做不到这一点，这不是别人的错，是我对于说话不够精准这个行为过于敏感。那么我就不能用我的标准来要求别人，我必须尊重别人说话不够精准这个行为。如果我们也能这样对待孩子的行为，就会对孩子少了很多挑剔。

你的自律意识很强，认为人应该早睡早起，尤其不能睡懒觉，所以看到孩子睡懒觉就炸毛。那么现在请你这样想，你是你，孩子是孩子，孩子有偶尔睡懒觉的权利，而你也有自律的权利，孩子不需要完全执行你的认知。当你能做到这一点就会发现，你的这个情绪按钮消失了。而这一点，就是我们后面讲到的"允许"。

帮孩子消除他的情绪按钮

孩子也有他的情绪按钮。在幼儿这个阶段，孩子的情绪按钮多和全能自恋感、自我中心化、本能的欲望有关，只要这方面没得到满足，会立刻启动他的情绪按钮。所以我们要想帮助孩子消除这个情绪按钮，就要尽量满足他合理的要求，并且是及时满足。尤其是在3岁之前。

我们要尽量避免孩子在童年时期形成更多的情绪按钮，因为大部分的情绪按钮都是在原生家庭和童年时期形成的，所以你现在对待孩子的每一种态度都有可能形成他的情绪按钮。比如唠叨、否定、拒绝、冷落、挑剔、不允许、沟通中的暴脾气等，不仅会影响现在你与孩子的沟通，也会影响孩子的潜意识，使他成年以后一遇到这些言行马上就启动自己的情绪按钮。

父母和孩子身上的情绪敏感点越少，他们就越好沟通。如果你一时无法消除自己和孩子身上的情绪敏感点，至少你应该了解这些，而了解就是改变的开始。

# 让孩子学会用语言表达情绪

在和2~6岁的幼儿沟通时，很容易遇到一个拦路虎，那就是他们的情绪化。每当他们又哭又闹的时候，沟通完全进行不下去。

孩子一直哭，妈妈着急地说："你怎么了？告诉妈妈，别一直哭呀。"可是孩子并不回答，只是一直哭泣。妈妈干着急没办法，不知道怎样才能弄清楚究竟发生了什么。

或者是这种场景：孩子气得乱摔家里的东西，你说："有什么事儿跟妈妈说，别生气了。"但是孩子根本就不搭理你，继续摔东西。

记得有一次我要去拜访一个同学，想给他的儿子带个礼物，问他喜欢什么。同学说他就喜欢摔东西，有什么不满都摔东西，说什么都没用，完全沟通不了。

幼儿为什么宁愿发脾气、闹情绪，也不愿意沟通呢？原因之一自然是他们还未走出全能自恋感时期，很容易因需求未得到满足而产生负面情绪。另外一个很重要的原因是他们还不会表达情绪。尤其是3岁以前的孩子，话还不怎么会说呢，怎么会表达情绪这么复杂抽象的东西呢？即便是3~6岁的幼儿也很少能顺畅地表达自己的情绪。

这就给沟通带来了麻烦。孩子不能说出自己的感受，我们就没办法了解他们，也就没办法帮助他们解决问题。

但反观有些同龄的小孩，不但会表达自己的情绪，还会通过沟通疏解大人的情绪。

在一个亲子真人秀节目中，就有这么一个小孩。缺乏耐心、全程黑脸的爸爸冲着自己4岁的儿子大声吼叫，儿子感到委

屈，但他的反应不是掉眼泪、闹脾气，而是拿起手中的喇叭冷静地对爸爸说："你可不可以不要那么生气呢？"他的一句话让爸爸立刻意识到了自己的恶劣态度，马上向儿子认错，并立刻改善了态度。之后每当爸爸发脾气时，儿子都提醒他："今天你又生气了。"经过几次这样的沟通，爸爸的坏脾气完全消失了，父子俩的关系比以前亲昵了很多。儿子的表现让爸爸非常吃惊，他说："没想到儿子可以这样冷静地说出他的感受，在这方面我还不如一个4岁的小朋友，我只会发脾气，是4岁的儿子教会了我如何和他相处、沟通。"

如果这位小朋友在面对爸爸的负面情绪时委屈流泪、大哭大叫，那局面可想而知。别说让爸爸意识到自己的问题了，很可能父子俩之间会发生一场激烈的冲突。

在亲子沟通中，能够管理好自己的情绪并通过合适的方法表达自己的情绪非常重要。父母懂得表达自己的情绪，父母就不会发脾气；孩子懂得表达自己的情绪，孩子就不会闹情绪。那么父母与孩子之间的沟通就变得容易多了。

当然，并不是每个2~6岁的孩子都能像案例中的这个小朋友一样，能在需要的时候冷静地、准确地表达出自己的情绪，这需要我们去引导。

有耐心地引导孩子表达情绪

对于2~6岁的幼儿来说，不但不大会表达情绪，甚至可能都不知道在有情绪时说出来才是正确的做法，而通过哭泣、摔东西的行为表达出来是错误的做法。这就需要父母去引导。首先，我们要向他们传达这种观念。其次，在他们有情绪时不要急于和他们沟通，先用拥抱、满足需求等方法安抚他们的情绪，等他们的情绪稍微平复一些再引导他们说出自己的感受。

在这个过程中，父母要有耐心，千万不要用暴怒来制止孩子发泄情绪。因为在学会用语言表达情绪之前，哭闹就是他们表达情绪的唯一方法，幼儿哭闹是正常的。父母要做的是引导他们放弃哭闹、用语言来说出自己的感受。这样的引导可能要很多次，只要有机会，就引导孩子表达情绪。次数多了，孩子就会渐渐拥有这样的认知和习惯。

只要孩子能用最简单的语言表达出情绪即可

2~6岁的幼儿能用语言表达情绪并不是一件特别容易的事，父母不能强求孩子表达得多么好，能大致简单说出来就行，可以说自己的感受，也可以表达对父母或他人的想法。就像案例中那个小男孩一样，他其实表达得很简单："你可不可以不生气？"就这么简单的一句话就让爸爸马上知道了：哦，我的态度有问题，让孩子感到不舒服了。这就达到了沟通的效果。所以，只要孩子愿意说出自己的情绪，不管说得如何，都是值得鼓励的行为。

在这个基础之上，父母也可以教给孩子一些表示情绪的词语，如难过、伤心、生气、着急、开心、幸福等，引导他们用这些词语来表达他们的情绪，使他们渐渐学会准确地表达自己

的感受，那么沟通起来效率就会更高。

**父母要成为孩子学会表达情绪的榜样**

在这个方面，父母或者抚养人的榜样作用不可小觑。案例中的小男孩之所以可以冷静地表达出自己的情绪，跟他经常跟爷爷奶奶生活有关。他的爷爷奶奶是两个开朗温柔的老人，肯定在表达情绪、如何沟通方面给孙子做了很好的示范。如果他跟爸爸生活的时间更长，那么他在沟通的时候估计也会用怒吼的方式。如果你想让孩子成为一个懂得表达情绪、学会冷静沟通的人，那么就要在这方面成为孩子的榜样。否则，就不要埋怨孩子脾气不好，不好沟通。这里，父母经常向孩子述情不可缺少，因为述情就是向他人表达自己的感受。

表达情绪和情绪管理的关系是，当孩子在表达时需要思考，需要调动语言中枢，这时，他的思维方式是理性的，大脑空间和心理空间也都会被占据，就没有多余的空间用来闹情绪了。而一旦负面情绪被表达出来，心里不舒服的感觉就会减少很多，这时再来沟通当然容易多了。

让孩子学会表达情绪，是让孩子永远在一种正面的心理状态下进行沟通，给沟通创造一个良好的气氛。同时也是为了给父母或他人一个了解他的机会，只有把自己的想法说出来，父母或他人才知道如何去做，这样，才能达到沟通的目的。

一个会表达感受的孩子究竟是什么样的？让我们来感受一下。

一位网友的自述：陪儿子写作业，一个"目"字写了30分钟还是不像样子。我生气地大声问他："上课有好好听讲吗？"他不说话，气氛压抑。过了一会儿他说："妈妈，如果你生气了，请憋一下，好好和我说话，这样我才更有信心。你对我凶，我难过得都不想呼吸。"

我说："好的。"

## 消除情绪从改变认知开始

人有情绪是共同的，但人起情绪的场景却是不同的。同样的行为，有的父母起情绪，有的父母却不起。

我有一个朋友从事幼儿教育工作，他教育的孩子每个都非常懂事、可爱，可自己的孩子在他眼里却有一大堆问题，这让他无法接受："我能把别人家的孩子教育好，没理由教育不好自己的孩子。"在这种想法的支撑下，孩子的很多行为都让他焦虑，都想立刻把它纠正过来。这遭到了孩子的反感和排斥，于是越纠正，孩子离他的期待越远。

还有一个朋友，总是抱怨孩子把家里弄得乱七八糟，让她不得不总是处于打扫的状态中，为此她经常对孩子大发雷霆，但是孩子并不改正。可是去过她家里的人都觉得她家里很干净，孩子也很注意卫生，并没有乱扔东西的习惯。朋友们纷纷

说如果有一个这样的孩子都烧高香了，哪里还会大发雷霆。

在上面的案例中，父母的情绪是怎么产生的？美国心理学家艾利斯告诉了我们答案：使我们产生情绪（C）的不是发生的那些事情(A)，而是我们对事情的看法(B)。这就是著名的情绪ABC理论。把这个理论和亲子沟通联系起来就是，使父母产生负面情绪的不是孩子的某个行为，而是父母对这个行为的看法，即父母头脑中的认知。

我的第一个朋友，他认为"我能把别人家的孩子教育好就能把自己的孩子教育好"，这是一种对自己身份的完美认知。基于这份认知，他更容易挑剔孩子的行为，更容易对孩子的行为感到焦虑。这时，与其说是他不满意孩子的行为，不如说是他感到自己的完美身份受到了威胁。

我的第二个朋友很明显是对"干净整洁"的认知不同。在别人看来，她的家里已经很干净了，可在她看来，家里经常被孩子弄得乱七八糟。因此她经常去纠正孩子"不讲卫生、乱扔垃圾"的坏习惯，但孩子并不认同她的认知，于是就这个问题沟通就很容易发生摩擦。

使父母产生负面情绪并给沟通带来障碍的原因是父母对孩子行为的解读。

社会的约定俗成、原生家庭的影响、个人经历和性格的不同使每个人内心都形成了一套有别于他人的认知，但这套认知未必是完全正确的，其中可能有狭隘、僵化、落伍、极端、教条主义的部分。即便是正确的，也是我们头脑中的正确，未必是孩子头脑中的正确。如果用这些认知去衡量孩子的每个行为，就很容易对孩子产生不满情绪，造成沟通中的冲突。

如果父母能改变一下头脑中的这部分认知，负面情绪可能就会少很多，沟通也会顺畅很多。那么我们头脑中的哪些认知是需要改变的呢？

应该论

看看下面这些话你是不是经常说：

爸爸妈妈都是研究生毕业，所以你从小也应该很优秀。

小孩子就应该懂礼貌，所以你见人就要打招呼。

家里就应该干干净净的，所以你不能乱扔东西。

现在社会竞争那么大，所以你应该赢在起跑线上。

这些话听起来舒服吗？我们可以把它们用在我们与伴侣之间：

男人就应该养家糊口，所以你就应该多赚钱！

女人就应该贤惠，所以你必须会做家务！

我已经做到公司高层了，所以你也必须努力上进！

人应该注意健康，所以你必须在11点之前睡觉！

是不是有种被命令、被强迫的感觉？"应该"的潜台词就是——"你必须要做到，做不到就是你的错"，一旦用了这样的心态和字眼和孩子沟通，即便你说的是对的，也会让孩子感到不舒服。孩子会觉得："凭什么呀，凭什么你认为怎么样，

我就必须怎么样？"所以"应该"一出现，孩子的排斥和叛逆情绪必然会出现。而一旦孩子不照着你的"应该"去做，就必然会招致你的不满。

其实，有许多"应该"都显得偏颇、极端、僵化和落伍，还有一些"应该"是我们成人社会的生存法则，孩子根本无法理解。比如小孩子见人就应该打招呼，这让一些幼儿无法理解：我又不认识你，为什么要跟你打招呼呢？又比如小孩就应该赢在起跑线上，对于幼儿来说，他只想躺在起跑线上睡大觉，完全不想赢在起跑线上。所以，拿这样的"应该论"去和孩子沟通，并没有什么用。

"应该论"是人在沟通中非常容易犯的一个错误，源于人的自恋情结，总觉得自己认为的就是对的。事实上，除非违反法律和道德，这世界上并没有那么多"应该"。

完美主义情结

完美主义情结反映在亲子沟通中有很多方面：

觉得自己完美或优秀，所以对孩子不够宽容。比如我那个做幼儿教育工作的朋友，把孩子的不够好视为自己的一种失败，因为不允许自己失败所以过于紧张孩子的表现。或者有些父母认为自己很优秀，所以孩子也必须赢在起点。

用理想中的孩子要求现实中的孩子。例如，"妈妈心目中的好孩子不是这样的，妈妈心目中的好孩子是……"这是对孩子的一种否定。

用完美标准要求孩子。孩子在幼儿园的舞蹈比赛中得了第一名，孩子很高兴，你却说："别太得意了，幼儿园才几个小朋友，去市里参加比赛你就知道你的水平了！"这也是对孩子的一种不接纳，会给孩子带来负面感受，会导致孩子以后有此类事情不再愿意和你沟通。

有完美主义情结的父母只能接受符合自己期待的那个孩子，不能接受现实中这个不够完美的孩子，这使得父母和孩子都容易在沟通中产生负面情绪。

自己对一些事物的独有认知

因为经历、性格、职业等其他情况的不同，导致我们每个人对同样的事物会有不同的认知。我那位朋友对"乱"的认知就和别人不同，有的父母对"优秀"的认知和别人不一样，而我对"好的表达"的认知就和他人不一样，如果我们都用自己的独有认知去要求孩子的行为，就很容易徒增烦恼。

给孩子的行为贴标签

给孩子贴标签很容易造成夸大事实、过早定性、打击孩子的后果。

孩子活泼好动，你马上说："你是不是有多动症？能不能安静一点！"

孩子性格内向，不爱说话，在幼儿园被人欺负了也没有告诉老师。你骂他："你是哑巴吗？他打你，你不会喊叫，不会告诉老师吗？"

这些话，与其说你是在与孩子沟通，不如说你是在发泄情绪，同时给孩子戴上了一顶不属于他的帽子，用这顶帽子压抑他的天性、打击他的自信。这对孩子来说，是一种不够客观的评价，对你来说，是一种不够公正客观的认知。

以上这些认知，都会给你和孩子带来负面情绪，使沟通无法在良好的气氛中进行。如果我们能改变这些认知，或者灵活处理这些认知、调整自己对孩子的期待，就可以很好地消除一部分负面情绪，让沟通始终在正面的心理能量下进行。

## 关注孩子的感受先于对错

在以下事件中，你会选择怎样教育孩子：

孩子和其他小朋友玩耍，中途起了摩擦，孩子一生气把另外一个小朋友推倒了，对方哇哇大哭。

你会这样教育孩子："怎么可以推别的小朋友，你知不知道这样做是不对的？！走，马上去向这个小朋友道歉！"

还是这样教育孩子："你今天把别的小朋友推倒了，你觉得他会怎么样？"

"我不知道。"

"如果是别的小朋友把你推倒了，你会怎么样？"

"我会又生气又伤心。"

"那你希望对方怎么做，你才会不生气不伤心呢？"

"我希望他向我道歉。"

"那你现在把别的小朋友推倒了，你觉得他现在希望你怎么做呢？"

"他肯定也希望我向他道歉。"

"那你想怎么向他道歉呢？"

"我向他说'对不起'。"

"除了说'对不起'，还需要怎么做才能表现你的诚意呢？"

"我送他一个玩具吧。"

"好的，那我们现在去吧。"

以上两种方法，你会选择哪一种？两种方式有什么不同？

第一种方式只关注到了孩子的对错。第二种方式在关注孩子对错的同时照顾到了孩子的感受，并引导孩子去关注别人的感受。

这两种方式的教育结果有什么不同呢？第一种方式会教育出一个知对错的孩子。第二种方式教育出的孩子不但知对错，还懂得如何去体会别人的感受、如何去爱别人。这两种方式的沟通效果又有什么不同呢？第一种方式因为只关注对错使得父母和孩子心中都有情绪，就算孩子听从父母的话去道歉，心中也有不快；也有可能因为心中不快而不愿意去道歉。第二种方式使得孩子心甘情愿地去道歉，整个过程中父母和孩子心中都没有负面情绪。

根据弗洛伊德的理论，对错是超我，感受是本我。超我是为了约束本我，但本我会反抗，于是人发展出了自我。自我兼顾超我和本我，使人更好地生活在这个世界上。但是，2~6岁的幼儿还没有发展出超我和自我，他们遵循本我——欲望活着。所以，当父母只用对错要求孩子时，就是在用成人世界的超我去约束孩子的本我，那么必然会遭到孩子的反抗。而父母这时也会产生不快的情绪，因为你认为孩子的行为是在挑战你的超我。所以，如果我们只是用对错去要求孩子，沟通和相处中必然会产生摩擦。成人之间的许多摩擦也是这么产生的，即便成人已经发展出了超我，但一旦被人只用对错评判时，也会产生不快情绪。

这就说明，在任何时候，我们都不能只关注孩子的对错，而不关注孩子的感受，哪怕是在孩子做错事的时候。而案例中的第二种方式就是这样，在引导孩子知对错的同时始终在照顾孩子的感受，它没有直接评判孩子的对错，也没有强迫孩子去道歉，而是引导孩子去体会别人的感受，当孩子体会到别人的感受时，就知道自己错了。其实这个过程，就是引导孩子发展出自我的过程。

过于关注孩子的对错，会带来非常可怕的后果。第一种后果，孩子会变得非常叛逆，或者表面听话但实则叛逆。比如杀害自己母亲的北大才子吴谢宇，他的妈妈超我极其强大，被这样的妈妈教育出来的吴谢宇表面品学兼优，实则内心非常压

抑，压抑到成年后竟然杀害了自己的母亲。第二种后果，孩子会成长为一个别人眼里的"好人"，但这样的好人不快乐，也不懂爱。因为他们没有被好好地爱过，所以他们也不会爱别人，只会继续用对错要求别人，使身边的人也不快乐。所以用对错标准教育出来的孩子不懂得沟通，更不懂得如何建立一段幸福的关系。

你想让孩子成为这样的人吗？

思考孩子的行为是否是必须改正的错误

在有些父母的眼里，孩子身上总是有很多需要纠正的错误言行，比如"看电视的时候把脚放在茶几上""看书的时候靠在床上""刚吃完饭又吃零食""有凳子不坐非要坐在地板上玩儿"。当我们看到孩子的这些行为，想要起情绪、去批评纠正他时，先问一问自己："孩子为什么要做这些行为？我为什么要纠正他？"然后自己回答："因为孩子这样做快乐，而我想纠正他是因为他这样做不符合我认为的正确。"接着再问自己："我有资格用我的'正确'来剥夺孩子的快乐吗？孩子的行为必须符合我认为的正确吗？"

通过这样的思考，你会发现，不是孩子的行为"十恶不赦"，而是自己对这些行为过于敏感，其实孩子的这些行为并没有影响任何人。既然这样，我们为什么不允许孩子从这些行为中获得快乐？当想到这里时，你的情绪就消失了，也不会强迫孩子去改变他的行为了。

如果你希望孩子改正错误，请先关注孩子的感受，再关注对错

如果你确实希望孩子改变他的行为、变得更好，或者孩子的行为确实有大大非的问题、必须改正，那么你需要先关注孩子的感受，再谈对错。"妈妈知道你把脚放在茶几上很舒服，但是如果能放在地上就更好了。""妈妈知道你靠在床上看书很舒服，但是这样毕竟对眼睛不太好，如果能坐直看就更好了。"或者像开头那个案例那样，在照顾孩子感受的同时引导孩子认识到自己的错误。

总是拿对错标准来衡量孩子行为的父母，其实也是企图用对错来控制孩子，让孩子按照自己的标准生活，而愤怒、生气等负面情绪就是你让孩子害怕自己、服从自己的武器。所以表面上看你是在拿对错教育孩子，实际上是在拿对错控制孩子，但其实你也被孩子控制了情绪按钮。

所以，放下对错，先关注孩子的感受，可以让你从这种控制中走出来，并让自己的负面情绪消失，用一种愉快的情绪和孩子沟通。

## 拒绝暴力沟通

管理好自己的情绪并不是一朝一夕的事情，一旦管理不住，又急于沟通，就会陷入暴力沟通。暴力沟通的特点是，简单粗暴并极具杀伤力。通常有以下几种情况。

**语言暴力**

你是否对孩子说过这样的话：

滚，离我远点！烦死了！

别再哭了！闭嘴！

哭，一天到晚就知道哭，再哭小心我揍你！

不吃饭是不是？不吃的话今天一天都不要吃！

这些话，带有明显的情绪发泄。不可否认，孩子的行为的确有令我们生气的地方。但是，有情绪了应该先进行情绪管理，将负面情绪降到最低，然后再与孩子沟通。否则孩子也会同样以负面情绪和让我们更头疼的行为进行回应。

以上的暴力语言还情有可原，毕竟孩子"惹"了我们。但下面这些呢？

笨死了，这么久还没把汽车拼好！

就你那小短腿，还去学跳舞，算了吧，别去丢人现眼了！

你写的这个是啥？鬼画符似的。1，2，3，4，5都写不好，打算长大了要饭吗！

这些话，已经不只是情绪宣泄，这是把孩子当作敌人攻击！"射"出去的一颗颗子弹都极具杀伤力。对幼儿来说，他们对自我的认知来自父母对自己的认知，你认为他不好，他就真的认为自己不好。这样的认知会形成他的潜意识，内化成他

的性格内核。

贬低、嘲笑、打击孩子，暴露的是父母的无能。因为幼儿还没到拼自己的努力的时候，这时候呈现出来的状态大多是基因。你骂他，等于在骂自己。越是"无能"的父母越是喜欢用语言暴力孩子，因为他没有更多教育孩子的方法，也不愿意去学习，所以选择了这种不需要任何付出的方式来教育孩子。而那些有能力的父母，则在思考和学习"怎样帮助孩子变得更好"。

所以，语言暴力充分暴露了父母的"无能"——没有能力管理好自己的情绪，没有能力教育好孩子，只好沦为情绪的奴隶。

行为暴力

行为暴力是这种"无能"的升级。骂还是不行，只有打了。曾经有人说过，习惯行为暴力的人，是丝毫不懂或懒得使用其他沟通方式的人，所以妄图用行为暴力快速解决问题。但是，孩子任何一个习惯的形成都是一个漫长的、循序渐进的过程，不可能靠一两次打骂就能解决。习惯打骂孩子的父母，是对幼儿的心理、行为特点不了解，对孩子的成长没有充分的准备。幼儿全能自恋、自我中心化都很严重，这个时期他们的特点就是调皮捣蛋、易哭易闹，妄图用暴力改变这些，彼此一定都会很痛苦。

冷暴力沟通

有一部分父母，不打骂孩子，但采用冷暴力与孩子沟通。所谓冷暴力就是冷淡、疏远、漠不关心、冷眼相对、不理不睬。这其中不乏有学历高、文化素质高的父母，甚至有所谓的教育专家。

在一个亲子综艺节目里，某位嘉宾的两个孩子哭闹打架，妈妈把老大关到一个小黑屋里，任凭他哭了很久，直到孩子"承认自己错了"，才把他放出来。

在一个亲子教育节目里，"教育专家"教一位妈妈："不要理他，让他哭，不能向他妥协。"最后，俩人还把4岁的孩子扔到一个"惩罚毯"上让他哭。孩子哭得上气不接下气，妈妈和"教育专家"则在一边冷眼旁观。

某个商场，人来人往中一个四五岁的小女孩在号啕大哭，十多分钟过去了，始终不见她的家人。商场的工作人员用大喇叭找到了她的爸爸。她的爸爸说："她做错了事情，让她一个人反省反省。"

这样的冷暴力还有可能出现在你的家中、我的家中。似乎，我们认为这样的沟通方式是正常的、有效的，不理他，他就会渐渐停止哭闹。比如第一个例子，不理他，他果然"主动承认错误"了。你如果好好和他沟通，甚至是打他、骂他，他都未必承认错误。但仔细分析，他哪里是承认错误，不过是等不到父母的回应，暂时妥协罢了。有的父母会认为，这是他在要挟我，我如果不对他实施"冷暴力"，以后他还会用这种方式要挟我。不否认孩子有这样的心理，但在孩子伤心欲绝的时候，长时间对孩子不理不睬，对孩子是一种莫大的伤害。我们

不能用错误的方式来惩罚孩子的错误。

想想看，如果他人用这样的冷暴力对待我们，我们是什么感受？而且，冷暴力同时也会给实施暴力的人带来伤害。看着孩子哭得声嘶力竭，你在旁边不管不问，内心难道不痛苦吗？如果你没有丝毫痛苦，甚至还有一丝快感，那你一定不爱孩子。

唠叨、不及时回应等其他冷暴力沟通

严格地说，唠叨、不及时回应等也算是一种冷暴力。因为它们都对孩子缺乏热情。唠叨"冷"在沟通内容毫无营养，"钝刀子"杀人，让孩子受折磨还没有理由反抗。唠叨其实也是一种情绪宣泄，通常人没有其他的情绪出口，便会陷入唠叨。

不及时回应有两种情况，一种是看不到孩子的感受，所以没有回应。另一种是看到了孩子的感受，但是故意拖延回应或者干脆不回应。这两种情况都会让孩子感觉到"冷"。但前者是能力问题，后者是意识问题。后者更会让孩子感觉到"冷"，明明知道孩子需求什么，却故意不理睬、不满足。就像我们心中非常重要的一个人，明明读了我们的微信，却不回复，是不是让我们很"寒心"？所以，唠叨、不及时回应是一种形式不那么激烈的冷暴力沟通，也需要我们警惕。

暴力沟通会给孩子的成长带来巨大的负面影响。对于天性柔顺的孩子来说，暴力沟通会使孩子形成内向、孤僻、敏感、自卑的性格，单单语言暴力对孩子的伤害都是巨大的；对于性格较为叛逆的孩子来说，暴力沟通会刺激孩子产生与你对抗的

情绪和行为，所谓"越管越难管"；更长远的后果是，你教会了孩子错误的沟通方式，他将来可能也会使用暴力的方式与他人沟通。孩子若发现打一顿就能解决问题，他还会去学习其他的沟通方法吗？

　　所以，我们必须拒绝暴力沟通！更不能"以暴制暴"——以负面情绪制止负面情绪！当孩子情绪激动时，我们更需要管理好自己的情绪，用正确的沟通方式代替可怕的暴力沟通。

# 04

## 允许：允许是亲子沟通的润滑剂

　　为什么关系中充满控制？就是因为"不允许"。不允许孩子以舒服的状态成长，不允许孩子成长为他期望中的样子。不允许不仅制造出了许多负面情绪，还制造出了亲子关系中的许多矛盾冲突。因此，想要有良好的沟通，先要有允许的心态。一旦允许，说话的内容、语气都会发生改变，良好的沟通也会随之而来。

# "允许"让一切风平浪静

在与孩子的日常沟通中，你是说"好的"的机会多，还是说"不"的机会多？以下这类对话，是不是经常出现在你与孩子的沟通中？

"妈妈，我可以玩会儿手机吗？""不行！小孩子不可以玩手机。"

"爸爸，这个菜我不喜欢吃。""不行！这个菜有益于身体健康。"

"爸爸，我可以在外面和小虫子玩会儿吗？""不行！虫子太脏了。"

"爸爸，我不想上这个兴趣班？""不行，小孩子没一点才艺怎么行？"

"妈妈，我今天想穿这件衣服上幼儿园。""不行！这件衣服配这条裤子不好看。"

孩子的意愿一次又一次被拒绝，会造成什么样的后果？柔顺听话的孩子会把不开心的情绪压抑在心底，但以后不会再轻易向父母提要求，有了欲望也不敢通过合理的渠道去满足。叛逆一点的孩子则可能会以哭闹来要挟你满足他的要求，也可能以后再有什么要求不再询问你的意见，而是想办法偷偷满足自己。比如偷偷玩手机，偷偷把不喜欢吃的菜吐掉。所以，一个

个"不行"关闭了孩子与你正常沟通的渠道。

一个个"不行"代表什么呢？代表不允许。不允许你按照自己的想法来，要按照我的想法来。不允许一出口，孩子的心情立刻由兴奋转为黯淡。经常被不允许的孩子，渐渐失去了与父母沟通的热情。

孩子小小的要求父母尚且难以允许，那生活中的一些"大事"，如孩子的缺点和错误，父母能够允许吗？

"干啥都是慢吞吞的，能不能快一点！"

"小小年纪话怎么那么多，一路上聒噪死了！"

"嘴怎么那么笨，连句新年好都不会说。"

"怎么一点都不稳当，像个女孩儿的样子吗？"

一看到孩子的某个缺点、不足或错误，父母暴怒的情绪立刻腾空而起，还是因为不允许。不允许孩子不够好，不允许孩子犯错误，不允许孩子不是自己想象中的样子。不允许的程度有时简直到了痛心疾首、一刻都不能忍受、看到就火冒三丈的地步！

不允许孩子的缺点、不足和错误比不允许他做某事对他的伤害更大，因为后者仅仅是限制，前者则是直接否定。"否定"给孩子带来的感觉是：我很笨，我不好，我是不讨人喜欢的。2~6岁幼儿的自我还未形成，自信还未建立，如果经常被否定，对他将是毁灭性的打击。而那些不甘心被父母打击的孩子则铆足了劲儿跟父母作对：顶嘴、搞破坏，或者死猪不怕开水

烫——你骂你的，我该干吗干吗。这个时候，父母与孩子就完全无法沟通了。

不允许的根源是什么？如果我们仔细体会这些不允许的句子，就会发现，不允许其实是希望孩子"如己所愿"，而非"如他所是"。即希望孩子成为自己期望中的样子，而不能接受他现在的样子。

这是许多人际关系的矛盾所在。即便在成人之间也是如此——你这样是不对、不好、不够完美的，按照我说的去做是对的、好的、完美的。这个逻辑忽视了什么？忽视了对方的想法和感受，强调了自己的想法和感受。这种逻辑用在亲子关系中就是——你还那么小，怎么会知道什么是对的、错的，什么是好的、坏的？当然要按照我说的来了。至于孩子的感受，就更容易被父母忽略了。在对与错、好与坏面前，感受似乎没那么重要。总是不允许孩子的父母正是缺乏共情能力的父母。

可是，真爱是什么？真爱恰恰是"如他所是"，而非"如己所愿"！真爱就是让孩子做他想做的事，按照他舒服的状态成长，最终成长为他想成为的样子。如果我们可以这样对待孩子，沟通中的大部分问题都可以迎刃而解。

有一个4岁的小朋友在爸爸心爱的汽车上画了一幅画，爸爸刚看到的那一刻火冒三丈，可当他看到女儿画作的内容时，内心的怒火立刻消失了。女儿画的是一家三口，手拉着手正在逛街，旁边写着"爸爸妈妈爱我，我爱爸爸妈妈"。爸爸允许了女儿的行为，并温柔地告诉女儿："只可以在爸爸的汽车上画，不能在别人的汽车上画，但最好画在纸上。"

爸爸允许了女儿当下的行为，这不仅避免了父女之间的一场剧烈冲突，更呵护了女儿对家人的那份爱。这个做法和著名的儿童教育专家、作家尹建莉的做法如出一辙。

在《好妈妈胜过好老师》一书中，尹建莉说女儿喜欢在家里白色的墙壁上画画，她刚开始也觉得："这怎么可以？！"但是后来她允许女儿这么做，并对女儿说："你可以在墙上画画，但你只可以在这面墙上画画。"女儿愉快地答应了她的要求。以后果然只在这面墙上画画。

尹建莉的解释是，比起一面墙，女儿的快乐和对画画的兴趣更重要，母女之间的亲子和谐更重要。

古人说"退后一步，海阔天空"，"退后"不就是容许对方的所作所为吗？所以我们也可以这么说："允许，让一切风平浪静。"允许一起，我们心中的负面情绪顿时消失，立刻可以心平气和地和孩子沟通了；允许一起，我们很自然地看到了孩子的感受，不由自主地就做到了与孩子共情。当我们看到并重视孩子的感受时，孩子也会顾及我们的感受，而他的共情能力也在这个过程中发展起来了。

所以，允许就像是父母和孩子之间的润滑剂，它让父母与孩子之间的愉快沟通和亲子关系的和谐成为可能！

在我工作的培训机构有这样一个孩子，每次都是自己来上

课，没有家长接送。听说，他每次的作业都是自己完成，家长很少管。这和每次都有家长背着书包、拿着水瓶陪同来上课的孩子完全不同。但这个孩子却得到了所有老师的交口称赞：性格开朗，上课认真，接受能力强，有礼貌，对人热情，除了有点粗心大意外，其他方面都非常好。而其他天天有家长管的孩子则总是有这样那样的问题。

这让我们感到有点奇怪，为什么没家长"管"的孩子却反而成长得更好？我们来探讨一下这个"管"字。中国父母"管"孩子主要包含三个内容：服务、监督、教育。服务孩子容易造成孩子的不独立，监督和教育则容易带来不允许。在这样的情况下，孩子容易成长为既依赖父母同时又不服父母管教的孩子，于是，孩子和父母之间的关系就会非常拧巴，既依赖又反抗。这种关系模式又会呈现在孩子与老师和同学等其他人际关系中。

而不经常被父母管的孩子则没有这种情况，他们获得了更多的成长空间，不被限制，不被否定，因此不需要把更多的心理能量用来与父母和外界对抗，而是用来发展自己。这样的孩子当然成长得更好。

所以说，允许让一切风平浪静——父母和孩子的负面情绪消失了，彼此之间更好沟通了，甚至连很多语言上的沟通都省却了，孩子在自由的空间中自然而然会成长为他想要的样子。

# "允许"并不会让孩子无法无天

我知道，一定有一些父母对上篇文字持怀疑态度："允许孩子'如他所是'，想做什么就做什么，怎么舒服就怎么来，那他还不无法无天了！"

我们来看看真正无法无天的孩子是怎么长大的，下面是网上的一则报道：

2019年4月21日，"北大学生弑母案"嫌疑人吴谢宇在重庆机场被警方抓获。这则新闻震惊了所有人！人们无法理解，被母亲含辛茹苦养大的孩子为什么要杀死自己的母亲？

根据亲友的描述，吴谢宇的母亲是个刻板、严肃、内向、追求完美的人，极度克己自律，是很多人心目中的道德典范。在母亲的言传身教下，吴谢宇从小就谦虚有礼，成绩优异，是别人眼中的完美小孩。但是吴谢宇的童年却没有快乐，这种不快乐一直累积到他上大学，长期的束缚带来的精神压力使吴谢宇终于开始实施报复，在2015年7月杀害了自己的母亲。

究竟有多大的压力可以让一个成年人杀死自己的母亲？根据以上描述，我们进行这样的推测是合理的：对自我极度苛刻的母亲在吴谢宇的成长经历中，用一次又一次"不允许"为吴谢宇制造了一个精神上的牢房。只要妈妈在，他永远逃不出这个牢房。这是一件多么令人窒息的事情！为了获得"自由"，按照自己的想法活着，吴谢宇只有让自己的母亲从这个世界上

消失！

这当然是个个例，是个极端的例子，但依然可以说明，不允许孩子"如他所是"，才会让孩子真的无法无天！因为人做事情有两个动机，一是正确，二是愉快。正确符合社会标准，愉快符合个人感受。按照弗洛伊德的理论，正确受超我支配，愉快受本我支配。但超我和本我经常会发生矛盾。比如超我让我们去做某件正确的事情，但本我不喜欢，于是我们就不愿意去做。而本我喜欢做的事情可能不被社会或他人认可，那么社会或他人就不允许我们做。在这两种情况下，我们的内心都会很痛苦。为了取得平衡，人发展出了自我——受制于超我，同时又满足着本我。吴谢宇的母亲是一个超我极其强大的人，她想教育吴谢宇也成为这样的人，但可惜，吴谢宇并没有发展出真正的超我，也没有发展出真正的自我，他只是被母亲极度压制了本我。这个被压制的本我像一只凶猛的野兽一直潜藏在他的体内，当他有能力的那一天，就把它释放出来了。这一天，就是他杀死母亲的那一天。

本我是欲望，欲望既是生命的动力，也是罪恶的源头。如果你完全不让一个人按欲望活着，就是在扼杀他的生命。但同时，一个人的欲望若是没有节制，也会滑向罪恶。

可以说，吴谢宇的本我未曾好好活过，他的生命未曾好好地伸展过，他未曾真正地快乐过。这对于任何一个人来说都是不甘心的。这样的孩子，如果不能被教育成超我极其强大的人，就会走向另一个极端——用极端的方式来满足本我。吴谢宇就是如此。有些人即便不像吴谢宇这么极端，也会一生都处于极度渴求满足本我的状态中。而无论是成为吴谢宇母亲那样的人，还是成为吴谢宇这样的人，都是非常悲哀的，因为他们都没有幸福的能力。

话题回到孩子身上来。本我和超我会在幼儿的内心发生矛盾吗？基本上不会。因为幼儿在5岁之前还没有发展出超我，超我是在父母和社会的教育下发展起来的，当然也没有发展出自我。所以2~6岁的幼儿做事情的动机基本上只有一个，那就是满足本我——愉快原则。如果不允许孩子如他所是，眼前的麻烦就是根本无法和孩子沟通，他基本不理解大人所说的是正确的。而长远的麻烦就是，他有可能发展出像吴谢宇那样的人格倾向。

所以你看，不允许幼儿如他所是，他就会又哭又闹，这时，用什么方法都不好沟通。但完全按照孩子的意愿，又不符合成人世界的正确原则。那么，对于还没有发展出自我的幼儿来说，如何在正确和愉快之间取得平衡呢？

其实，正确和愉快可以有四种搭配：正确+不愉快，愉快+不正确，正确+愉快，愉快+正确。前两种已经被我们证实很难进行下去，那么就只有后两种了——正确+愉快，愉快+正确。也就是既满足了孩子的本我，又满足了父母的超我。这是父母和孩子都可以接受的。详细一点说就是：在正确的范围内做愉快的

事（正确+愉快）和在愉快的心情下做正确的事（愉快+正确）。

这才是我所说的"如他所是"。它并不完全等同于"想做什么就做什么、怎么舒服就怎么来"，而是有底线、有边界的、有方向的。只要不出这个大的圈、不偏离大的方向，孩子"想做什么就做什么、怎么舒服就怎么来"。也就是说，最大限度地满足孩子的本我，让他快乐。在这种状态下与孩子沟通，你会发现，孩子好沟通了许多。而一个在幼儿时期被充分满足本我的孩子，长大以后是不大可能"无法无天"的——因为他通过合理的途径很轻松地就得到了快乐，怎么会再去选择通过不合理的途径、艰难地得到快乐呢？

# 如何允许孩子"如他所是"

真正的"如他所是"的内涵是：在正确的范围内做愉快的事和在愉快的心情下做正确的事。具体如何执行和操作呢？

允许孩子在正确的范围内做他想做的事情

允许孩子在正确的范围内做他想做的事情，具体指的是什么呢？看以下生活片段：

孩子在家里玩玩具，大大小小的玩具摆了一地，玩得不亦乐乎。

星期天，孩子一觉睡到了早上9点，特别满足。

孩子去郊游，野外的草地绿油油的，非常漂亮，孩子躺在草地上，看着蓝蓝的天空，非常惬意。

这些都是在正确的范围内做愉快的事。假如父母允许，则孩子开心，你也开心。如果不允许，则冲突必然出现：

"为什么要把所有的玩具都拿出来，等一会儿我还得收拾，烦死了，把玩具都放回去！"

父母一把扯开孩子的被子："太阳都晒屁股了，还不起床！"

父母一把把孩子拉起来："地上脏死了，起来！"

孩子愉快的感受被你粗暴地剥夺，怎会心平气和地听从你的要求？

父母之所以不允许孩子做这些事情，是因为他认为这些事情是不正确的。但什么才是绝对不正确的事情？第一，触犯法律；第二，违反道德；第三，伤害他人。这些事情并没有违反这三点，所以并不算不正确的事情。但在父母眼里，却是不正确的，因为他不符合父母认为的正确。如果我们把正确定义为"不符合我认为的正确"，那么估计孩子做很多事情都是不正确的。因为2~6岁的幼儿还处于探索一切的阶段，还没有发展出超我、形成自律规则等意识，他们做的很多事情都不符合成人认为的正确。况且，即便我们成人有时也会把家里弄得乱七八糟，也会在周末的时候睡懒觉，累了的时候也会坐在地上。

如果把正确的标准执行得过于严苛，就很容易对孩子的行为产生负面情绪，从而在沟通中和孩子发生冲突。所以，我们

需要把这个正确的范围画得大一点，用宽松的标准要求孩子。

只要孩子的行为符合大的正确范围，就可以允许

只要孩子的行为符合大的正确范围，就可以允许。这个大的范围就是没有触犯法律、违反道德和伤害他人。2~6岁的幼儿还没有什么能力突破这个范围，所以他们的行为基本上都是可以被允许的。比如允许孩子把玩具摆得满地都是，允许孩子在星期天睡到早上9点，允许孩子躺在草地上。这些事情可能不符合我们认为的好习惯，却能让孩子快乐。在孩子的超我还没有发展出来之前，大人的超我就要给孩子的本我让步，只有这样，才能让沟通进行下去。

当你觉得孩子的行为不太正确时，可以提醒，但不要粗暴地干涉

有的父母会担心，如果允许的尺度太大，孩子的行为可能就会失控。比如早上到点了还不起床，怎么办？总不能去幼儿园迟到吧。这里有一个方法：当他的行为太过离谱并有可能产生不好的结果时，我们可以提醒他，但不要用粗暴的态度干涉他，也不要指责和评判他。

我们可以平静地告诉孩子："现在已经7点半了，再不起床就迟到了，迟到了被堵在教室门外可就尴尬了。"说完这句话之后就不要过多地干涉他了，更不要大声地吼叫他或掀掉他的被子。因为用语言或粗暴的态度来教育孩子，始终不如用事实来教育孩子的效果好。当孩子因迟到被老师批评时，孩子的羞

耻心会教育他下次要按时起床。

这是另一种允许，允许自己"不教育"孩子，允许生活教育孩子，允许孩子学会为自己的行为负责。

允许孩子在愉快的状态下做正确的事

小时候我做作业的时候喜欢听着音乐，现在我工作的时候也喜欢听着音乐，做作业、工作对我来说是无比正确的事情，可是长年日复一日地做，总有感觉枯燥的时候，这个时候，就希望这个过程有趣、愉快一些，于是我选择了听着音乐做这些事情。这就是允许自己在愉快的状态下做正确的事情。因为允许，让我更愿意去做那些正确的事情。

我们能够允许孩子在愉快的状态下做正确的事情吗？比如，允许孩子坐在地上看书，允许孩子听着音乐画画，允许孩子吃饭的时候看会儿动画片。可能有些父母难以允许：

"地上太脏、太凉了，不要坐在地上看书！"

"画画要专心，怎么可以听音乐！"

"吃饭的时候看电视会影响消化，把电视关掉！"

这时候，我们头脑中的"正确"又跑出来了：孩子是在做一件正确的事，可是他的方式不太正确，我当然要纠正。当你忍不住去纠正他的时候，孩子愉快的感受就被剥夺了。他很不开心，于是那件正确的事情他也不愿意去做了。

"既然你不让我坐在地上看书，那我就不看书好了。"

"既然你不让我在画画的时候听音乐，那我不画了！"

甚至，"我不吃饭了！"

这个时候父母又开始抱怨："你怎么这么不听话！"

事实上，是你的不允许制造了一个不听话的孩子。

孩子快乐地坐在地上看书，还是心情郁闷并不想看书，你选择前者还是后者？如果你选择后者，就不能怪孩子不听话、不好沟通。如果选择前者，你会看孩子时时顺眼、事事顺眼，任何时候沟通都不是问题。

每个人都想愉快地度过生活中的每一分每一秒，幼儿更是如此。愉快是非常可贵的东西，它是孩子对那些正确的事情保持兴趣的原因之一。我们呵护孩子的感受，其实是呵护他做某件事的激情。

**用愉快的方式做事情的孩子情商更高**

吴谢宇的故事告诉我们，被规则教育出来的孩子可能会产生灾难性的后果。虽然大部分的孩子不会像吴谢宇那样走向极端，但是也会因此缺少活力和激情。教育孩子最重要的不是让他多么优秀或成功，而是让他拥有幸福和快乐的能力。当孩子选择以一种更舒服、自在的状态去做某事的时候，不要武断地认为这是孩子的坏习惯，而是孩子在学习让自己快乐的能力。

父母要把握的是孩子发展的大方向——做正确的事，而不必过于在乎细节。给孩子一定的自由度，让他们拥有精神上的自由和快乐，这也更利于父母与孩子之间的相处和沟通。而拥有活力与激情的孩子，更容易变得优秀。

父母也可以学习用愉快的方式去做正确的事情

允许孩子，也允许自己。父母除了允许孩子在愉快的状态下去做正确的事外，自己也可以学习在愉快的状态下去做事情。做家务的时候哼哼歌，准备工作的时候放点音乐，特别是用愉快的方式和孩子沟通，而不是总是讲道理、讲正确。让自己经常保持一种松弛的状态，在这种状态下，自己更快乐，看孩子也更顺眼可爱，沟通起来当然也更顺畅。

快乐地生活是一种能力。这种能力本来我们每个人都有，可是长大后的我们为什么都没有了？这是因为这种能力在成长的过程中被一次又一次的不允许给剥夺了。所以，允许孩子在正确的范围内做愉快的事和允许孩子愉快地做正确的事，不仅是为了让我们和孩子更好沟通，更是为了赋予孩子幸福的能力。

允许孩子在正确的范围内做愉快的事和允许孩子愉快地做正确的事，都是看到了孩子的感受，并最大限度地尊重孩子的感受。如果孩子的感受总能得到重视，那么他会成长为一个凡事好商量的人。反之，他会成为一个拧巴的人，不但自己活得痛苦，周围的人也会痛苦。

在人与人的关系中，正确不是最重要的，感受才是最重要的。尤其是那些无伤大雅的小事，它的正确与否怎会有孩子的快乐重要呢？

# 我们可以允许孩子什么

上文讲的是"如他所是"的内涵，现在我们来说说"如他所是"的内容：允许孩子在正确的范围内做愉快的事和允许孩子在愉快的状态下做正确的事，究竟我们可以允许孩子什么呢？

允许孩子的想法和要求

孩子画了一幅画，开心地拿给妈妈看，妈妈看了一眼立刻指出了问题："彩虹怎么可以是绿色的？"

"嗯，我觉得彩虹也可以是绿色的。"

"不可以，重画！""撕拉"一声，妈妈撕掉了女儿辛辛苦苦画的彩虹。

女儿看了一眼地上的"彩虹"，眼睛里开始有泪珠打转，她扔掉了手里的画笔："不画了！"

彩虹是绿色的，这个想法太荒唐了，怎能允许孩子有这么荒唐的想法！但不允许孩子有这个想法不仅扼杀了孩子的想象力和创造力，同时也扼杀了孩子与你沟通的欲望。

"爸爸，我可以玩会儿游戏吗？""不行，小孩子不能玩游戏！"

"妈妈，我可以出去和小朋友玩会儿吗？""不行！马上要吃饭了，不许出去。"

"爸爸，我不想去参观科学馆，我想在小区里玩蜗牛。""不行，玩蜗牛有什么意思，参观科学馆能够学知识。"

我们总是用自己头脑里的正确去禁锢孩子的欲望。在一些父母的潜意识里，好孩子应该没有欲望，或者懂得压制自己的欲望。可是，2~6岁的幼儿做事情的唯一动机就是满足自己的欲望。所以，当父母用正确来压制孩子的欲望时，沟通中的冲突就出现了。

所以，面对孩子的想法和要求，我们更多的应该是允许。该怎么允许呢？

**说出自己的想法，但不评判、不阻止孩子的想法**

"真正的彩虹是七色的，不过如果你觉得彩虹也可以是绿色的，那就画绿色好了。"

**满足孩子欲望的同时给他设置一个正确的范围**

"爸爸，我可以玩会儿游戏吗？""可以，但是只可以玩半个小时哦，这样不伤害你的眼睛。"

"妈妈，我可以出去和小朋友玩会儿吗？""可以，但六点之前要回家哦，因为我们马上要吃饭了。"

"爸爸，我不想去参观科学馆，我想在小区里玩蜗牛。""那就先在小区里玩，等玩完了我们再去参观科学馆。"

这样做，符合沟通中的"愉快+正确"原则，会使父母和孩子都满意。

**允许孩子的缺点**

有些父母会担心，孩子的缺点也要允许，那他还能改掉自己的缺点吗？其实，和不允许比起来，允许孩子的缺点更有利

于他改正缺点。因为语言有心理暗示的作用，如果我们总是提醒、批评和指责孩子，会给孩子带来负面的心理暗示：原来我这个缺点这么严重，怎么都改不了，让爸爸妈妈唠叨了一次又一次。更会让孩子处于紧张、害怕、对抗的心理状态中，没有更多的心理空间来改变自己的缺点。所以对于孩子的缺点，也要允许。

### 不要过多地去提醒孩子的缺点

我接触过这样一个案例，有一个小孩写字不太好，妈妈拼命纠正，每个字都写了擦、擦了写无数次。后来，不需要妈妈再纠正，这个小孩自己就会重复这个过程，直到把这个字写好。结果就是，这个小孩每写一个字都要重写很多遍，导致他写字很慢。幼儿园倒没什么，上了小学后，他的语文卷子每一次都做不完，考试成绩可想而知。这位妈妈在和我沟通时哭了，说如果不是当初她拼命纠正，孩子这个缺点不会发展到这个地步。

对于孩子的缺点，不要过多地提醒、批评、指责和纠正，而是在提醒过一两次之后就尽量保持沉默。每个人改正自己的缺点或习惯都有一个较长的过程，在这个过程中我们给孩子陪伴和鼓励就是最好的做法。孩子的内心没有了来自父母的压力，紧张和焦虑感就会减少，心情就可以平静下来，静静地去和自己的缺点相处，这更有利于他改善自己的短板。

### 学着接受孩子的缺点

如果孩子还是改变不了自己的缺点，那就要启动允许的另一含义——接受。我们对待孩子的不足只有两种正确的态度，一种是帮助孩子改变，另一种是接受。如果我们不能接受，在明知无法改变的情况下仍然不允许孩子的缺点存在，那就是跟孩子较劲儿，而这必然会带来沟通中的冲突。

允许孩子犯错

允许孩子的缺点父母尚且能理解，孩子犯错，我们也要允许吗？毕竟犯错会伤害他人，它已经超出了正确的范围。比如打伤了小朋友，这样的错误，我们也要允许吗？是的，也要允许。

这里，我要再解释一下，允许的含义应该包括接受，接受一个客观存在，接受已经发生的事情，不管它是否符合我们的主观意志。比如我今天要出门办事情，希望有个好天气，可临出门时突然下雨了，这时我的关注点不会是指责老天爷为什么要下雨，而是赶紧找雨伞。在这个过程中，我以最快的速度接受了下雨这个事实，然后心平气和地寻求解决办法。对孩子犯错也应该这样对待。

先允许，再沟通

对于已经发生的事情，我们唯有接受，抱怨、指责、批评并不能改变已经发生的事情。其次，只有接受才能让我们和孩子的心情保持平静，在这样的状态下才有可能做到与孩子共情、沟通及解决问题。而不允许会让我们站在孩子的对立面，增加孩子的心理压力，破坏沟通的气氛，不利于事情的解决。

另外，接受孩子犯错误有利于孩子形成完整的自我。每个

人都有好的一面和坏的一面，一个完整的自我应该是由这两面组成的，并且被自己接受。如果我们只接受孩子好的一面，不接受他坏的一面，就会使孩子也不接受自己。因为2~6岁的幼儿对自我的认知是建立在父母对自己的认知上的，所以，不接受孩子犯错误，将不利于他形成完整的自我。

允许之后要有惩罚

但是，接受并不等于不惩罚。因为允许的原则是在正确的范围内做愉快的事，但犯错已经超出了正确的范围，父母就不能在接受之后什么都不做。允许是为孩子的内心输入心理能量，让他有心理能量为自己的错误承担责任。所以，在允许后，父母可以指出孩子的问题并让他为自己的错误承担责任，包括适度的惩罚，往往这时孩子也比较容易接受。这一点在共情那一部分会做详细的解释。

允许孩子与其他孩子之间的差异

自己的孩子与其他孩子不同，这是一件多么正常的事情。可是这么一件理所当然的事情，父母有时却不能接受。

"看那个小朋友性格多好，见人就打招呼，你见人就是不说话。"

"为什么别人家的孩子那么乖，你总是不听话？"

"现在流行学钢琴，你干吗要学架子鼓？"

我还听到有个爸爸这样说自己的儿子："没见过哪个男孩子像你话这么多的。"

性格开朗一些、木讷一些，话多一些、少一些，或者兴趣爱好与其他孩子不同，这只是孩子与其他孩子的差异，并不是缺点，可依然得不到父母的允许。为什么呢？第一，在乎别人的评价。"我的孩子嘴甜一点、乖巧一点，才会得到更多人的夸奖。"第二，活在大多数人认为的正确里。"大部分的孩子是什么样的，我的孩子就得是什么样的，和大部分人保持一致，这是一种正确。"为了满足自己的这两种心理，父母就不能接受孩子的与众不同。

但其实，父母不接受孩子与其他孩子的差异，就是不接受自己。因为孩子是父母的作品，是在父母的基因、教育和家庭环境的共同作用下创造出来的。父母反观一下自己，自己的每一面都符合孩子的期待吗？孩子比我们宽容，他们接受了不够理想的父母，为什么我们不能接受不够理想的孩子呢？

**不拿孩子与其他孩子比较**

中国父母有句口头禅："你看谁谁谁家的孩子……你再看看你！"2~6岁的幼儿很容易被这句话毁掉自信。其实，比较是没有意义的。每个孩子都有自己的特点和特长，也有自己的缺点和不足，所以他们之间没有可比性。如果真要比也是拿孩子的综合素质与其他孩子比，而不是拿孩子的某一方面与其他孩子的某一方面比，更不能拿孩子的劣势跟其他孩子的优势比。

**欣赏和接受孩子的不同**

这个世界之所以丰富有趣，就在于每个事物都是不同的，

越独特的事物越有存在的价值。假如每种花都是一种颜色，欣赏的价值岂不是要大打折扣。所以，独特才是孩子存在的价值。不同并不代表"不如"。内向的孩子和外向的孩子不同，并不代表内向的孩子不如外向的孩子。他可能在人际交往上不如外向的孩子，但在做事情上却比外向的孩子更有优势。所以，每一个孩子都值得欣赏。

如果孩子的某个特点实在不合你的"口味"，你可以不欣赏，但可以试着允许它存在。就好像你不喜欢雨天，但也默许了它的存在一样。允许才能让你对孩子不再挑剔，并和孩子和谐相处。

允许孩子慢慢成长

"一个字写了半小时还没写好，我实在忍无可忍，但最后还是忍了，毕竟孩子手部的肌肉还在生长，写不好是正常的。"

这是一位妈妈的话。从不允许到允许，源于她知道孩子还在成长期，要变好需要一个过程。

对待孩子的成长，许多父母都有急躁的心态，但是孩子的成长却偏偏急不得。因为幼儿的成长有它的特点和规律。最大的特点就是每个孩子都有自己的成长敏感期，同样的敏感期行为在每个孩子身上出现的时间不同。比如有的孩子很早就会说话，有的孩子则较晚。如果我们用同样的标准要求孩子，就很容易带来不允许，而不允许又会打乱孩子的成长节奏。

对待孩子的成长我们要有足够的耐心，不唠叨、不埋怨、不指责，不用言行上的不允许逼迫孩子成长，因为孩子的成长需要时间，更需要心理空间。要用允许给孩子心理上减负，让孩子在成长的过程中"轻装前进"。

允许是比包容更高的境界，它比包容更能让我们的内心得到自由。包容的意思是，我胸怀宽广，所以能接受你的缺点。但允许里面没有道德标尺，既不标榜自己，也不评判孩子——因为你的一切是客观存在，所以我允许，就好像允许天地万物一样。

或许这一点刚开始难以做到，这是因为我们把孩子的命运和我们捆绑得过于密切，把孩子当成了我们的附属品，对他的一切过于紧张和在意。如果我们把孩子当成独立的个体，就会自然而然地觉得，这个独立的个体首先需要得到的是尊重，而尊重的最佳方式就是允许。

允许孩子"如他所是"，是我们送给孩子最好的礼物。

# 05

## 倾听：听懂孩子的内心世界是沟通的前提

　　想要沟通，先会倾听。倾听远没有我们想象的那么简单。要有耐心、专心和对孩子的一颗爱心。还要与孩子共情，给孩子热情的回应，并引导孩子如何表达。这样倾听，才能走进孩子的内心世界，给孩子最好的回应。

# 沟通的前提：听懂孩子的内心世界

一说到沟通，有的父母就会急吼吼地说："哎呀，我不懂沟通，因为我不会说话（表达）。"似乎沟通就等同于说话。其实，沟通远远没有这么简单。在表达之前，沟通就有许多准备工作要做，除了管理自己的情绪和具备允许的心境外，懂得倾听也必不可少。否则，沟通可能在开口之前就已经失败了。

最典型的情况就是孩子说孩子的，你说你的，彼此不在一个频道。

"爸爸，爸爸，你看我终于把这个乐高拼好了！"

"哎呀，你看你，怎么把玩具全都拿出来了。跟你说过多少遍了，玩儿哪个玩具就拿哪个玩具，不要把玩具摆得满地都是。"

"爸爸，爸爸，你先看看我这个乐高拼得怎么样嘛。"

"先别管这个乐高了，你先把地上的玩具收起来！"

"爸爸，看完这个乐高再收嘛。"

"看什么看呀，净给我添麻烦，成天让我给你打扫战场。快点把这些玩具放到玩具箱里！"

"哼！就不放！"孩子跑开了。

这位爸爸懂得倾听吗？我们说过，沟通不仅仅是交流事情，更是交流感情。孩子兴奋地拿着乐高来找爸爸，是想和爸爸分享他拼成乐高的快乐心情，但爸爸忽视孩子的感受就如同

没听到孩子的话一样自然。

还有的时候是根本就没听懂孩子表达的真正意图。

父母想让儿子参加六一儿童节的表演，但儿子不太想参加。问他原因，他说："我担心自己表演得不好。"

"表演得不好也没关系，反正咱也不是要得第一名，能上去锻炼锻炼就行了。"

"那我还是不去了。"

"嘿，宽你的心还不行。"

以上简短对话中，你能听出孩子真正想要的回应吗？他说："我担心自己表演得不好。"他并没有斩钉截铁地说："我不参加！"所以他此刻需要的回应一是鼓励，二是帮助他表演得更好，而不是"宽心"。也就是说他不想面对那个"表演得不好的结果"，但爸爸的话正好强调了这个结果，那么他当然会拒绝。这里面固然有表达的问题，但何尝不是因为爸爸没有听懂孩子的内心世界。

在沟通中，倾听的重要性一点也不次于表达，心理咨询师很重要的一个考核标准就是懂不懂倾听。听不懂，给的回应多半是错误的。那么什么叫听懂了孩子的内心世界呢？必须符合三个标准：第一，听出孩子真正的表达意图，甚至没有说出来的那部分意图；第二，在倾听中能够捕捉到孩子的情绪，并呵护孩子的感受；第三，给予正确的回应。以上两个案例都没有做到这三点，所以都是失败的沟通。

那如何做到以上三点呢？必须在倾听中付出耐心、更加专心，以及保持对孩子情绪的敏感度、具备共情能力等。然后弄清楚以下几点：孩子想表达什么；孩子此刻的感受是什么；我应该做出什么样的回应。弄清楚前两点才能做到第三点。回应也不仅仅是语言上的回应，还包括接下来我要做些什么。这才是完整的沟通。这个完整的沟通是建立在听懂孩子的内心世界这个基础之上的。

也就是说，倾听是主动的倾听，而不是被动的倾听，是要调动自己的全部身心去倾听、去感受、去参与。按照参与度和效果的不同，可以把倾听分为三个层次。

第一个层次：注意力不在听，而在说

这一倾听层次的父母不用心听孩子说什么，只在乎自己说什么。他们要么敷衍、不认真听，要么听听就算了没有回应。甚至听都不想听，孩子刚说个开头，就被他们打断了。他们的潜意识认为：你的想法没有我的想法重要，你想说的内容没有我想说的内容重要，你不需要说那么多，只要按我说的去做就行了。这种简单武断的沟通方式是由于他们的自恋、自大和作为父母的强势造成的，但这种沟通方式必然会造成孩子的反感、排斥和叛逆，非常不利于沟通。

第二个层次：认真听了，但无法与孩子共情

这一倾听层次的父母倾听态度很好，但倾听能力有待提高。他们非常认真地听孩子说话，也听懂了孩子所说的事情，但没听懂孩子的心情。他们不懂得如何与孩子共情，只会就事论事地与孩子沟通，但捕捉不到孩子的情绪，不能很好地与孩子进行情感交流。这种沟通方式缺乏温情，孩子得不到情感上的满足，长久下去，会造成亲子关系的疏离。

第三个层次：能够很好地与孩子共情，甚至可以听懂孩子的弦外之音

这一倾听层次的父母始终带着理解、接纳和尊重在倾听，尝试站在孩子的角度去理解他所表达的内容，即便不认同孩子的言行，也不会随便批评，而是先关注孩子的感受，再来表达自己的意见。他们始终把孩子的感受和想法放在第一位，用更加平等的姿态与孩子沟通。这种沟通方式会让孩子如沐春风，不管遇到什么事情，他们都愿意敞开心扉与父母沟通。长久下去，会使得亲子关系非常和谐和甜蜜。

这三个层次的倾听会带来什么不同的沟通效果呢？第一个层次会让孩子反感，第二个层次会让孩子失落，第三个层次会让孩子快乐。第三个层次当然是最好的倾听，也是我们要学习的倾听。

## 耐心听孩子说，不急于表达

耐心听孩子说话，这并不是什么高超的说话技巧，但还

是有父母做不到。他们可能在孩子还没说完的时候就没耐心了，也可能在孩子刚开始说时就打断他，更可能在孩子说话时不断插嘴、急于否定，然后滔滔不绝地发表自己的意见。耐心听孩子说话，这并不是一个"技术活儿"，只是一个"情商活儿"，你具备这个情商吗？

"爸爸，我告诉你，今天在幼儿园，瑞瑞和轩轩打架了，因为轩轩……"

"你快去洗澡吧，都几点了，人家打架和你有什么关系。"

"哦。"


"妈妈，今天我在幼儿园学了一个故事，我给你讲讲吧。"

"好的。"

"这是一个关于小熊的故事，在森林里，有一只小熊……"

三分钟过去了，妈妈忍不住打断了他："儿子，你这讲的是什么呀，别讲了，妈妈还有事儿，你自己玩儿吧。"

"哦。"


孩子从外面跑进来，身上脏兮兮的，你皱起了眉头："这衣服怎么弄的，又摔跤了？"

"不是，是有个小朋友推了我一下，刚才……"

"别狡辩，你不乱跑就不会有人推你。以后别随便到小区里玩儿，妈妈不带你去，你就在家里玩儿。"

"哦。"

以上三个谈话都没有进行完，就被父母打断了。表面上打断的是谈话，实际上阻断的是孩子与父母之间情感的交流。孩子想和父母分享他们的生活，甚至是抱着兴奋的心情，但在父母眼里，孩子说的事情无关紧要、很无聊、根本就不需要听。

父母为什么习惯打断孩子的话？除了和自己急躁的性格有关以外，也和他们对沟通的认识以及教育方式有关。有一部分父母并不懂得真正的沟通是什么，他们不习惯于这种分享式的交流，而简单地认为沟通就是"有事说事"。其次，他们不够尊重孩子。孩子的想法、欲望不重要，自己怎么想、怎么说、怎么做更重要。所以他们没有耐心去了解孩子真实的想法，只一味地让孩子按照他们想的去做。

最后，他们对孩子的生活不是很感兴趣。他们既没有耐心听孩子说心情，也没有耐心听孩子说事情，他们的倾听能力还停留在第一层次。这样的倾听态度是对孩子的一种漠视，长久下去，必然会让孩子在情感上受到伤害。所以，我们要耐心地听孩子说话，不轻易打断，不急于表达，给孩子充分表达的权利。

**尊重孩子表达的权利**

与成人沟通时，我们都知道要耐心听别人说话，不打断、不插嘴，这是对对方的尊重。父母与孩子沟通，彼此之间也需要这份尊重。不能因为孩子的年龄小、表达稚嫩、是自己的孩子，就可以不给予他这份尊重。只要是一个个体，无论他多

小，都需要得到尊重。孩子对父母也是这样，不能因为这是自己的爸爸妈妈就可以为所欲为，在言行上不够尊重。尊重、重视孩子的表达会为孩子的内心注入自信，有利于他形成完整的自我。

**不能轻易用否定来打断孩子的话**

父母更不能轻易用否定来打断孩子的话。哪怕他说的是错的、表达得很幼稚、说得磕磕绊绊，也不能轻易否定。2~6岁是孩子语言表达和思维发展的起步阶段，轻易地否定孩子的想法，会抑制孩子这两方面的发展。同时，否定孩子的想法对孩子的自信也是一种伤害，使他们认为"我想什么、说什么都是错的，看来我很笨"。2~6岁的幼儿对自己还没有正确的认知，他们对自己的认知都来自父母如何看待自己。如果父母总是否定他们的想法，他们就会认为"我就是这样的"，从而形成自我否定的人格。

任何时候，请听孩子说完再发言。他想做什么，听一听他的理由；他做错了什么，听一听背后的原因。即便你此刻想大发雷霆，也先听孩子"申辩"完。听孩子说完，你在乎的是孩子；而随意打断孩子的话，你在乎的是自己。幼儿是能感觉到这两者的区别的。

连耐心听孩子说话都做不到的父母，又如何能听懂孩子的内心世界呢？

# 专心听孩子说，不敷衍了事

　　良好的沟通也是需要一些仪式感的。例如，"找个时间，咱们坐下来聊一下。""你过来一下，咱们聊点事儿。""先别忙了，咱们先说点事儿。"总要找个共同的时间、安静的场合，在没有其他事情干扰的情况下去沟通。这样我们才能更专心地听对方说，更专心地表达自己，也才能表现出我们想要认真沟通的态度以及对对方的重视。而这会给对方带来愉快的感受，使彼此的情感更加浓厚，最终带来更好的沟通效果。

　　这个沟通规律在父母和孩子之间同样适用。认真的态度和一点仪式感，会给孩子带来正面的感受，使他更愿意跟父母沟通。不过有时候，父母却忽视了这一点。

　　"妈妈，你看我这几幅画，哪一幅更好，我想选一张参加比赛。"

　　"都好，都好！"妈妈正在电脑前忙碌着，头也不抬地说。

　　"妈妈，你看都没看，怎么知道都好呢？"

　　"哦。"妈妈连忙抬头看了一眼，"这幅。"

　　"妈妈，你看清楚了没有？"

　　"看清了，看清了。"妈妈又低头在电脑上打字。

　　"妈妈，你都没有认真看，就说看清了。哼，我不跟你说了，我找爸爸去。"

　　这场沟通因为妈妈的不认真倾听、敷衍而结束。当我们兴

致勃勃地去找他人沟通时，肯定希望得到对方认真、热情的回应。而"认真倾听"如何解释？最准确的答案就是不敷衍、专心致志。"专心听孩子说"和"耐心听孩子说"一样，体现的是对孩子的尊重和重视，代表你对孩子说的话感兴趣，那么孩子也会更有兴趣和你沟通。

不过，有时候越亲近的人，我们越容易忽视这一点。总觉得他天天在，随时都可以沟通。特别是对于幼儿，父母会觉得他这么小，有什么好沟通的，你说话我听着就是了。这种无所谓的态度怠慢了孩子。想一想，我们是否有以下怠慢孩子的情景：

孩子和你说话时，你在工作、看电视、玩手机或做家务，同时，有一搭没一搭地和孩子说话。有时你没听清楚孩子在说什么，就胡乱接话；有时孩子问了你好久，你也不回话；有时你敷衍地告诉孩子，好，好，就这样。甚至你觉得，孩子真烦，老是来打扰自己。却没有意识到，自己的态度已经伤害了孩子。

我们花这么多的时间来学习沟通的技巧和方法，但其实，最好的方法就是爱，若没有一颗爱孩子的心，很难把这些方法执行到位。耐心、专心无不需要投入爱、用心去交流，调动身心的一切能量、放下家长的姿态与孩子沟通，这样的沟通才会产生能量的互动。

具体如何专心地听孩子说呢？对于幼儿来说，要做到以下几点。

放下手中的一切听孩子说

这是专心倾听的第一步。做着其他的事情，一心两用，如何专心？当孩子与你沟通时，无论你此刻正在做什么，尽量放下，然后专心与孩子沟通。孩子与你说话花不了多长时间，不妨和孩子说完再做你的事情。如果确实不能马上放下手中的事情，也要和孩子说明："妈妈这会儿正在忙，稍等一会儿妈妈再听你说好不好。"在沟通中，如果我们不能马上满足孩子的需求，一定要和孩子说明白。让孩子理解，我们并不是忽视他们，而是此刻真的无法满足他们。

蹲下听孩子说

放下手中的一切之后，紧接着就要蹲下和孩子沟通。有教育专家说，蹲下和孩子说话，最能体现出大人对孩子的尊重。因为心态上的不平等往往是从力量的不平等开始的。站着与孩子沟通，身高上的悬殊感让我们不由自主地就有了高高在上的感觉，这种感觉让我们容易轻视、指挥和命令孩子。而当我们蹲下时，不论是自己的潜意识还是给孩子的感觉都会更加平等。

同时，当我们蹲下时，自然也就放下了手中的事情，有助于我们专注地和孩子对话。

看着孩子的眼睛听孩子说

蹲下这个动作不仅有助于我们专注地与孩子对话，还可以让我们看着孩子的眼睛，与孩子进行眼神的交流和互动，眼神的交流与互动又能带来情感的交流。这不正是我们与孩子沟通

的最终目的吗？所以，看着孩子的眼睛听孩子说，最能体现父母的真诚和全情投入，同时也使孩子更有欲望和热情与你说话。

抱着孩子听孩子说

如果你觉得看着孩子的眼睛还不够，那么不妨抱着孩子听孩子说。在孩子还是婴儿的时候，我们习惯于抱着孩子说话，哪怕孩子听不懂。当孩子长大了，能听懂我们的话了，我们却不习惯于抱着孩子和孩子说话了。这对父母和孩子来说是多大的损失啊。因为拥抱比任何沟通方式都更直接，比任何肢体语言都更温暖，一个拥抱胜过无数语言，比任何沟通方式都管用。所以，当孩子和我们说话时，如果我们能放下手中的一切，把孩子抱在怀里，静静地看着孩子听他说话，那么这不仅会是一次愉快的沟通，更是一种幸福的感受。

以上四个动作足以表现出你的认真和专心，也会使你更加投入地与孩子交流和沟通，而这份投入和认真也会传染给孩子，使他更愿意敞开心扉与你交流。

# 在倾听中，请给予孩子热情的回应

我们与他人交流时，会非常反感和害怕对方这一点，就是对方总是给这样的回应："哦，是嘛。""对……你说得对！""嗯……嗯……嗯……"这种惜字如金的回应，如果是来自刚刚认识的朋友，则关系很难发展；如果是来自熟悉的朋友或亲密的伴侣，则会对关系造成损害。因为这种回应代表着三种可能：一是你对我说的话题没兴趣；二是你对和我沟通没兴趣；三是你对我本人没兴趣。这三个没兴趣足以对我们的内心造成巨大冲击，使我们要么火冒三丈，要么失落难过。于是有心理学家说，"哦、嗯、啊"是亲密关系杀手。

所以，在和人沟通时，我们都不希望别人这样回应我们。但你这样回应过孩子吗？

周末，妈妈正在沙发上闭目养神。忙碌了一周，终于可以休息一会儿了。这时，女儿和爸爸回来了。女儿一进门就兴奋地扑向妈妈："妈妈，妈妈，刚刚看的电影可好看了，我给你讲一讲吧？"

"哦，好。"妈妈答应着，脑子里却还想着工作的事情。

"这个电影讲了一个小狮子的故事……"女儿滔滔不绝地讲起来，讲了半天，她发现妈妈一直微闭着眼睛，没有任何反应。"妈妈，你在听吗？你是不是睡着了？"

"没有，没有，我在听，在听，你继续说。"

"哦，好。"女儿接着讲起来。

"这部电影的最后，小狮子终于为自己的爸爸报了仇，还当上了国王，和狮子王国的狮子们过上了幸福的生活。妈妈，这部电影可好看了，比上次你带我看的那部电影还好看。"

"是吗？"妈妈终于回答了两个字。

"妈妈，你是不是不想听我讲啊，那你休息吧，我找爸爸去。"

"没有没有，妈妈想听你说，你说吧。"

"我不说了，我找爸爸玩去。"

当女儿饶有兴致地与妈妈分享她刚刚看的新电影时，妈妈却显得毫无兴趣，所以孩子识趣地结束了谈话。这种识趣里有一分懂事，更有几分失落。如果这位妈妈是偶尔这样回应孩子，倒也无妨，但如果是一种习惯，就会对孩子造成伤害，使孩子觉得"妈妈对我和我的事情不感兴趣"，从而形成对自我的认知：妈妈不重视我、不喜欢我。

沟通是一个互动的过程，而不是一个人的独角戏。当孩子抱着兴奋的心情与父母分享时，父母只有报以更加热情的回应，才会刺激到孩子的情绪，使他愿意与你进行更多的交流。而这种缺乏热情和互动的被动回应是另一种敷衍。

那么，真正的回应、最好的回应是什么样的呢？它必须符合三个原则：一是有助于孩子更加热情地与你沟通；二是有助于孩子从这次沟通中有所收获；三是有助于亲子关系的更加和谐和甜蜜。根据这三个原则，我们可以从以下几个方面去回应孩子。

感官和肢体语言的回应

在倾听时，首先我们要给予孩子身体语言的积极回应，这包括感官的回应和肢体语言的回应。比如我们可以时不时地点头，表示我们认真在听；当孩子讲到紧张的地方时，我们可以睁大眼睛、张大嘴巴，跟着兴奋、紧张；当孩子讲到精彩、搞笑的地方时，我们可以鼓掌、大笑，甚至情不自禁地站起来；当孩子讲到悲伤的地方时，我们也可以跟着流泪。这些感官和肢体语言的回应会大大刺激孩子，使孩子觉得：我讲得太好了，妈妈都被吸引了。这会使他更有兴致讲下去。

语言上的回应

我们并不是反对在倾听中说"哦、嗯、啊"，而是反对只说"哦、嗯、啊"而没有其他回应。其实在倾听中是免不了说这三个字的，但我们要在说这三个字时伴有肢体语言和其他语言。结合上面的案例，父母可以这样回应——一边鼓掌一边说："哇，你说得好有趣呀！我都后悔没去看了。""啊？原来是这样！""哦，和我猜的一模一样。"在合适的时机插入这样的话，表示你对孩子表达的内容感到好奇、吃惊或赞同，也可以有其他的一些肢体或语言上的回应。但是这些回应都必须是简短的，而不能是"你说得对，我觉得……"，然后开始滔滔不绝发表自己的见解，这就等于是打断孩子的表达了。

除了这些语言回应，父母还可以在倾听时插入提问。还以上面的案例为例，妈妈可以插入这样的提问："这个小狮子这个时候一定很难过吧？""这部电影的画面美吗？""去看这部电影的小朋友多吗？"这些问题可以充分打开孩子的话匣子，使你们之间的交流不断进行下去。特别是开放性问题更有这样的效果。比如"你为什么说这部电影比你以前看过的都好

看呢？"之类的问题可以引发孩子更多的思考。经常对孩子进行这样的提问，可以使孩子的思考能力和表达能力越来越强。

通过这样的沟通，父母对孩子有了更多的了解，孩子也会感觉到愉快和幸福，因为他感到父母对自己的一切都很感兴趣，父母很爱自己，而他也会更爱父母。

情感上的回应

我们说过倾听有三个层次，更高的层次是倾听时要与孩子共情。所以，如果我们能在前两种回应的基础上再加入情感回应，那一定会让孩子感到更舒心。比如可以与孩子共快乐："听你这么一讲，妈妈感觉到你很开心，妈妈也为你感到开心。""哇！你讲得这么兴奋，爸爸都迫不及待想看了呢？"孩子把快乐传染给你，你再把快乐回馈给孩子，这种情感上的回应会让你们的沟通变成一场愉快的享受。

当然也可以与孩子共伤悲。比如孩子从幼儿园回来后说自己被老师批评了，心里很难过，说的时候情绪非常激动。这个时候父母就可以抱住孩子，给孩子擦掉眼泪，说："看到你很难过，妈妈也很难过。妈妈理解你的心情，你受委屈了。""妈妈支持你，妈妈觉得你没做错，明天妈妈就去找老师说！"通过这样的共情给孩子理解和支持，使孩子得到情感上的安慰。

在倾听后给予孩子建议或行动上的支持

孩子向你倾诉并不仅仅是要你的理解和安慰，有时，他是需要你明确的建议或行动上的支持。例如，"爸爸，我好苦恼啊，快到六一节了，我的节目还没练好，真怕到时候表演不好。"如果这个时候你只是共情："哦，爸爸非常理解你的心情，爸爸也为你着急。"那么这种共情就太空洞了，并不能真正地缓解孩子的焦虑。这时最好的回应是："儿子，你把你的节目表演一遍给爸爸看，爸爸看看哪里还有不足，帮你练一练。"这样的回应才是儿子最需要的回应，能够帮助他解决实际的问题。在倾听的过程中，我们需要给孩子肢体语言和语言回应；而在倾听后，我们需要给孩子情感上的回应和具体的建议或支持。这才是完整的回应。

以上四个方面的回应说明你在主动地倾听、投入地倾听和耐心听孩子说、专心听孩子说一样，这会给孩子带来被尊重、被重视的感觉，使孩子更愿意表达，更愿意与父母交流，同时也会使父母和孩子之间的感情更加深厚，亲子关系更加亲密和谐。

## 在倾听中引导孩子学习表达

在与2~6岁的幼儿沟通时，有一个非常大的障碍，就是他们还不太会表达。尤其是两三岁的幼儿，学会说话都还没多久。所以与他们沟通时，经常会遇到遇事不说闹情绪、表达不

清楚、词不达意、胆小羞怯不敢说等情况。这时，如果父母处理不当，不但会给沟通带来麻烦，还会影响孩子的心理和表达能力的发展。

在我工作的儿童培训机构里，就遇到过这类孩子，我问他们很简单的问题，和他们进行非常简单的交流，他们都闭口不答。我以为是因为他们跟我不熟悉，可我发现他们的父母和他们说话时，他们也不愿多开口。这时，他们的父母通常会无奈地说："唉，这孩子，从小就不爱说话。"为什么不爱说话呢？我观察到，当他们不愿开口或表达不好时，他们的父母总是大声训斥他们："说呀，大声说呀，怎么说话像蚊子叫一样。我问你的话你不知道怎么回答吗？你怎么想的就怎么说呀！"这时，我都会连忙制止他们："不要冲孩子吼，不要训斥孩子，要鼓励、要引导，他们才愿意表达。"

当孩子刚刚学习表达时，如果总是被父母斥责，他们就更害怕开口，甚至刻意逃避说话和与父母交流。渐渐地，不但表达能力弱了，与父母之间的关系也会出现问题。所以，在孩子学习表达的过程中，我们要一边听一边给他们鼓励，让他们首先敢说。然后再加以引导，让他们学会表达。

两三岁的幼儿因为词汇量较少，特别容易用闹情绪的方法来代替表达。这时，我们就要能通过倾听识别孩子的情绪以及情绪背后的真正需求，同时引导孩子放弃闹情绪，鼓励他们用语言表达需求。这在情绪管理那一部分我们已经有较为详细的讲述。而对于大一点有一定表达能力的孩子，我们就要在倾听的过程中引导他们大胆地、更好地表达。

女儿从幼儿园回来，看起来不太高兴的样子，妈妈连忙问她："怎么了，发生了什么不开心的事情？"

"嗯……妈妈，今天我和同学吵架，被老师批评了。"

"为什么要和同学吵架啊？"

"因为他骂我。"

"都骂你什么了？"

"骂我笨，画的画难看。"

"哦，既然是他骂你，为什么老师要批评你？"

"因为，因为……"女儿不说话了。

"说吧，不管发生了什么事情，妈妈都不会怪你的。"

"真的吗？"

"当然！妈妈只会帮助你，不会责怪你。"

"好，那我告诉你。今天在幼儿园，小丽骂我，我很生气，就使劲儿推了她一下，把她推倒了。她哭了，然后老师就批评我了。"说到这里，女儿低下了头。

"那你觉得老师批评你对吗？"

"对，但也不对。"

"哪里对？哪里不对？"

"嗯……"女儿想了半天，也没有说出来。

"你是不是想说，虽然你有错，可是是小丽先骂你的，是

她先不对。所以你觉得被老师批评有点委屈，对吗？"

"对，就是这个意思。"女儿重重地点了点头。

"那以后遇到这种事情，你怎么做才能既不让老师批评你，又让小丽知道她错了呢？"

"嗯……我可以让她向我道歉，如果她不道歉，我就告诉老师，也可以回家告诉妈妈，让妈妈帮我解决。"

"太好了，女儿，你已经学会正确的处理方法了。"

在这段谈话中，妈妈并没有被动地倾听，她始终在鼓励、引导女儿表达。当女儿不敢说的时候，当女儿不知道怎么说的时候，妈妈都进行了及时的引导。是妈妈的正确引导，才让母女俩的沟通始终在一个轻松的氛围里进行，并最终使问题得到了很好的解决。如果妈妈不是这样做，而是在女儿不敢说的时候催促她："说话呀，干吗不吭声！"在女儿不知道怎么说的时候责备她："到底哪里对，哪里不对，你不知道吗？"那么这一定是一场不欢而散的沟通。女儿不但释怀不了在老师那里受的委屈，同时在妈妈这里又多受了一份委屈，那么以后她可能就不愿意找妈妈沟通这类事情了。当然，所沟通的问题也得不到很好的解决。

父母在倾听的时候，要鼓励和引导孩子表达，而不是责怪和训斥。那么该如何引导他们呢？

**要有足够的耐心**

在引导孩子表达时，父母一定要有足够的耐心，一点一点、循序渐进地引导孩子表达。切忌流露出不耐烦的情绪，这会使孩子更不愿意表达。养育孩子的过程是一个磨耐性的过程，我们看起来如此简单的问题，对孩子来说则很难。我们要允许孩子有一个成长的过程，慢慢去学习表达。

**要鼓励孩子去说**

当孩子做错事情害怕父母责骂时，或害羞胆怯不敢说时，父母一定要鼓励孩子大胆表达。例如，"妈妈就是你最好的朋友，可不可以和最好的朋友分享你的秘密呢？放心吧，我不会告诉别人的。""说吧，不管你做了什么事情，妈妈都不会怪你的。"让孩子卸下心理包袱，大胆地说出自己的心里话。这一点是从心理层面上来帮助孩子消除表达障碍。心理咨询中的来访者为什么愿意在心理咨询师面前畅所欲言，因为他们对心理咨询师足够信任。所以，让我们成为孩子最信赖的那个人，用我们的耐心和对孩子的爱，让孩子信任我们、敢于在我们面前畅所欲言。

**在合适的时机可以帮助孩子表达**

成人都有词穷的时候，幼儿更是有词不达意、不知道该如何表达的时候，尤其是复杂的情绪和心理活动，幼儿不知道该如何表达是非常正常的。这时，我们可以尝试帮助孩子表达。比如"你的意思是不是……""你是不是想说……""你感觉很委屈是吧"，通过这样的方式来猜测孩子要表达的意思。如果我们说对了，孩子一定会非常高兴，这代表父母和他有默

契，也说明父母"看见"了他的感受。如果我们说错了也无妨，孩子一定会纠正我们："不对，不对，我的意思是……"那么，在孩子的纠正和你的补充下，就弄清楚了孩子要表达的意思。这样，既达到了沟通的目的，孩子也从你的身上学会了如何表达。

切忌在孩子说不清楚的时候粗暴地打断孩子："别说了，别说了，说来说去都说不清楚。""不用说了，我知道你说的是啥意思。"用这样的方式来显示父母的聪明、孩子的迟钝，除了打击了孩子以外，没有任何益处。

在倾听孩子说话时，父母的角色不仅是好好听，更是配合孩子好好说，让孩子顺畅地表达。这样的倾听看起来很容易，其实并不容易做到，它需要我们付出耐心、爱心、专心、贴心，用心去与孩子交流。这是最高层次的倾听，愿每一位父母都能成为这样的倾听者，通过倾听走进孩子的内心世界。

## 你能听出孩子的真正表达意图吗

每个人在和他人沟通时都带有一定的目的，有时是希望对方给我们出主意，有时是纯粹的分享、吐槽或发泄情绪，有时候我们也不太清楚目的，但潜意识里可能有某种目的。也有可能是我们的表达能力有限，无法很好地表达出我们的意思。

这时，如果对方能捕捉到我们的真实意图，并在倾听后给予满足，那真的会让我们感到非常安慰。如果捕捉不到，给了错误的回应，就很可能导致沟通不愉快。父母和孩子之间也是这样。

孩子从幼儿园回来，看起来不太高兴，妈妈一问，他说："我今天和小丸子吵架了。"

"哦，小丸子是你最好的朋友，你怎么会跟她吵架呢？"

"因为小丸子看上了我的橡皮，她让我送给她。妈妈你知道的，这块橡皮是爸爸送给我的生日礼物，我怎么可以送给她。小丸子很生气，说从今天开始她不再是我的好朋友了。今天一天小丸子都没有和我说话，放学的时候也没有和我说再见。我又难过又担心，妈妈，你说，小丸子是不是不愿意再和我做朋友了？"

"原来是这样啊，不就是一块橡皮吗？你送给她，妈妈再给你买一块，一块橡皮哪有友情重要，你说呢？"

儿子没有说话。

妈妈继续说："明天上学赶紧把橡皮送给小丸子，事情不就解决了吗？对朋友不能这么小气。"

"哼！"儿子看了妈妈一眼，走掉了。

儿子为什么走掉了？因为妈妈的话不是他想要的答案。如果妈妈用心听，就可以发现儿子的关注点是"小丸子不愿意和我做朋友了"，这让他难过和担心。他和妈妈说这件事，主要是倾诉心情，同时是希望妈妈帮助自己，看看能不能在不把

橡皮送给小丸子的情况下，让小丸子回心转意继续和自己做朋友。他并没有问妈妈"我该不该把橡皮送给小丸子"，因为这件事情他已经有了决定。可惜，妈妈并没有听懂儿子真正的意思，反而自作主张地帮孩子出主意，所以儿子不愿意继续沟通了。

这也是因为倾听能力不够。在倾听的过程中，妈妈对孩子说话的重点和情绪都不够敏感，捕捉不到孩子沟通的真正意图，却急于表达。当然也是因为妈妈缺乏共情能力。妈妈不是绝对不可以出主意，但需要在关注孩子的感受之后再说出自己的意见，这样孩子在情感需求得到满足的情况下或许愿意把自己的橡皮送给小丸子。

其实在沟通中我们很容易犯这样的错误。因为我们不情愿做一个纯粹的倾听者，我们更愿意对孩子的生活指指点点，这显得我们很厉害、很强大，可以帮孩子解决问题。但当我们有这样的心态时，就很难真正走入孩子的内心，因为孩子更需要一个在心态上和他完全平等的沟通者。所以有时候，我们仅仅扮演一个倾听者就好了，一个好的倾听者也不是那么容易做到的，需要你有一颗爱孩子的足够敏感的心。

在倾听时，请注意孩子表达情绪的用词

在倾听时，怎样第一时间捕捉到孩子的内心？请注意孩子表达情绪的用词。在上面的案例中，孩子说："今天一天小丸子都没有和我说话，放学的时候也没有和我说再见，我又难过又担心。"难过又伤心，担忧小丸子不再和自己做朋友了，这才是此刻孩子最想解决的问题。我们要就这方面和孩子沟通，才能真正把话说到孩子心里去。同时，捕捉到孩子的情绪，才能更好地与孩子共情。

在倾听孩子说话时，要留心孩子表达情绪的用词，例如，"我很难过、我不愿意、我喜欢、我很生气……"，留心这些词语，去体会孩子的感受，然后与孩子共情、沟通。经常这样去体会，父母的情感会变得更细腻，对孩子情绪的感受力也会增强。

**在倾听时，请注意孩子提出的问题**

在倾听时，不要无视孩子提出的问题，因为那是孩子求助你的真正原因。在上面的案例中，孩子的问题是："妈妈，你说，小丸子是不是不愿意再和我做朋友了？"但遗憾的是，妈妈完美地避开了这个问题，转而去关心自己关注的问题。这除了倾听能力不够以外，还有妈妈的自大，孩子关心的问题不重要，自己关注的问题更重要；孩子的感受不重要，自己的想法更重要。在这种情况下，孩子自然就不愿意和妈妈沟通了。

在倾听时，请注意孩子提出的问题，不要越过，而要就孩子提出的问题沟通，安慰他的心情也好，提出解决办法也好，关注孩子关注的问题，才能让沟通愉快地进行下去。如果一时不能给孩子更好的主意，那抱着孩子安慰他就好："妈妈知道你很难过，妈妈理解你的心情，不要太担心，或许明天小丸子就来找你了。"

### 识别孩子没有表达出的内容

在成人世界里，很多人说话都有一定的潜台词，就是他表面上这么说，实际上他的真正意思可能是别的。可是这样的潜台词，不大容易识别，有一些甚至需要心理咨询师才能识别。在幼儿身上，因为他们的年龄尚小，心理构成没有那么复杂，这样的潜意识并不是很多，但有时也有一些没有表达出来的内容，需要父母对孩子足够了解并非常敏感，才能捕捉到。

有一次和朋友一家去旅行，他的小孩4岁多，到了海边死活不下水，妈妈感觉很奇怪，问他什么原因，小孩嘟嘟囔囔说不清楚，只说不喜欢海水。妈妈就有点急了，说："海水这么漂亮，你怎么会不喜欢呢？"妈妈一急，孩子哭了，弄得大家都很不愉快。这时，妈妈突然问他："你是不是觉得海水很脏，怕弄烂了你的腿？"小孩忙点头。妈妈恍然大悟。原来小孩曾经到一个公园里玩，公园里有一个小水坑，水坑里的水不太干净，但小孩淘气，跳到水坑里玩。回家后腿就开始有点发炎、溃烂，到医院才治好。现在小孩来到海边，他认为大海里的水和那个小水坑里的水一样，会把他的腿弄烂，所以死活不下水。妈妈弄清楚原因之后，就跟孩子解释，此水非彼水，这里的水很干净，完全不会弄烂你的腿，可以放心玩耍。小孩听完后豁然开朗，立刻戴上游泳圈到海里玩去了。

像这样的沟通，需要父母对自己的孩子特别了解，并有一颗敏感的心，还不能急躁，才能捕捉到孩子没有表达出来的内容，并给予及时、正确的反应。

2~6岁的幼儿除了表达能力还比较欠缺之外，有时也比较羞怯、胆小，这使他们无法很好地表达出他们的想法。这就需要父母在倾听的时候细心再细心，才能更好地和孩子沟通。

沟通不仅仅是语言的沟通，更是心理的沟通、感受的沟通，这就需要父母静静地倾听，去好好地感受孩子的情绪，捕捉他的真正表达意图和关注点，给他最想要的回应，让沟通变成一场最舒服的心灵交流。

# 06

## 表达：正确的表达会产生魔力一样的效果

　　沟通的重头戏是表达。表达比我们想象的要复杂得多。不是会说话就会表达。错误的表达可能会变成一颗颗子弹，射向幼小的孩子。而正确的表达少不了述情。述情是个"技术活"，如何表达正面感受，如何表达负面感受，如何表达事实，如何表达建议和需求，好的表达会产生魔力一样的效果，让沟通中的难题迎刃而解。

# 什么才是正确的表达

先来说说什么是错误的表达。

**把批评、指责、发脾气视为沟通**

在生活中，如果我看到某位父亲或母亲和孩子之间的关系不够和谐，我会第一时间观察他是如何和孩子说话的，我发现，大多时候都和他们错误的表达方式有关。

他们最惯用的表达方式是批评、指责。

你怎么不说话？

你说话声音怎么那么小？

别人都会了为什么你还不会？

你在那儿晃来晃去干吗？

我说话你听见了没有？

能不能坐直了？

再动小心我揍你！

每天都遭受这样的训斥，孩子的心理怎么可能舒展。

我遇到过这么一个孩子。读书死活不吭声，父母问他任何话都不回答，嘴巴紧闭，脸上没有任何笑意。父母不解："为啥他和别的孩子不一样，总是不说话，读书不张嘴。"我说让我来试试。我读一遍让他重复。开始他也不张嘴，我鼓励他："大胆读，错了也没关系，这里没有人会说你什么。"在

我的鼓励下，他发出了小小的声音，当他读对一个词语时，我马上表扬他："太棒了，谁说我们不会读，谁说我们不愿意读书。"他的爸爸妈妈这才意识到，不是这个孩子不愿意读书、不愿意说话，而是他们从来没有像我这样用引导、鼓励的方式去和孩子沟通。他们对孩子总是批评、指责、教训，有时还动手。于是他们越批评，孩子越不配合他们的教育，渐渐变得不愿意和他们沟通，最终发展到也不喜欢和他人沟通。

批评、指责、训斥会让孩子产生叛逆心理，从而拒绝与父母沟通。最可怕的批评和指责是完全否定孩子，看不到孩子的一点优点，把孩子一棍子打死。例如："这么简单的拼音都不会写，活着有啥用，长大了也是捡垃圾！"这种语言暴力比刀子更伤孩子的心。这样的说话方式与其说是表达，不如说是在发泄情绪，是在"泄恨"——父母的心里有对这个世界的不满甚至是仇恨，借由对孩子的不满发泄出来，用恨意去攻击本不该承受这种情绪的孩子，从而让自己的心里舒坦。这样的父母不但不懂得什么是表达和沟通，更不懂得如何做父母。

为什么他们会用这样的方式来对待孩子呢？从本质上来说，是缺乏对孩子的爱。从表达方式上来说，是不懂得述情与共情。什么是述情和共情呢？

述情：你一直不说话，妈妈很着急，你想让妈妈一直着急下去吗？

共情：妈妈知道你现在不想说话，没关系，等到你想说的

时候再和妈妈聊好吗？

在上面的案例中，我告诉那个小孩："大胆读，错了也没关系，这里没有人会说你什么。"这也是共情。

述情：你看都快11点了，可是你还不会写，妈妈真的有点着急，因为妈妈明天很早就要上班，你能体谅妈妈快点把这几个拼音学会吗？

共情：写了这么久还没写好，妈妈知道你现在心里也很着急，没关系，放松一点，咱们一起努力把这几个拼音学会。

述情是表达自己的心情，引导孩子关注自己的感受，从而让孩子走进自己的内心；共情是关心孩子的心情，体会孩子的感受，从而走进孩子的内心。通过这两种方式与孩子产生情感链接，使孩子愿意向自己敞开心扉，并卸下心理负担或产生精神动力。

但是，有些父母却不能很好地述情和共情。一是因为他们不懂得良好的沟通需要述情和共情，更不懂得述情和共情的方法。二是因为他们的性格过于内敛、正经、严肃、紧绷，不习惯向孩子表达感受。三是因为他们的道德标准或者说超我过于严苛，使得他们更习惯于向孩子表达那些僵化的、缺乏情感的是非对错、条条框框和大道理，却不善于向孩子表达感受。

这就造成了父母和孩子之间情感的不够亲近甚至是隔阂。只有述情与共情才能打破这种隔阂！

针对这种情况，正确的表达是什么呢？正确的表达不是冷漠的批评、指责和发泄情绪，也不是缺乏情感色彩的讲事情和大道理，而是融入述情和共情的有温度的表达；是用一张生动的脸、一句句代表喜怒哀乐的语言让孩子走进自己的内心；是说孩子喜欢听的，而不是只说自己喜欢说的。也就是说，述情式的表达才是最好的表达。

　　尤其是对于2~6岁的幼儿，更需要述情式的表达。因为他们还不懂得通过察言观色来体察父母的情绪、了解父母的心情，所以就更需要父母表达出来。同时，父母经常向孩子述情，也是在对孩子进行述情教育。很多父母之所以不懂述情和共情，正是因为自己就是在一个缺乏述情和共情的原生家庭长大的。既然这样，我们就要从小给孩子这样的教育，让他们学会正确的表达方式。

　　述情是给孩子一个懂我们的机会和渠道，是给孩子画一条走进我们内心的路线图。有时候我们抱怨孩子不体谅自己，那是因为我们没有教会孩子如何体谅自己，孩子需要先懂我们，再懂事。所以，一个懂得沟通的父母善于表达自己的喜怒哀乐，善于通过述情式的表达让孩子了解自己、理解自己、爱自己。

　　表达时说事实和感受

　　学会了述情之后，无论沟通什么事情都可以把事情和感受结合在一起说。

"最近妈妈发现你写字很不认真，每次都随便写写，然后急着去看电视、玩游戏。你马上就要上一年级了，这样的情况妈妈有点担心哦。"

"你刚刚一直不说话，只是乱扔东西、发脾气，妈妈感到很难过。如果妈妈也这样冲你发脾气，你的心情会怎样？"

在这两个表达中，有事实：你写字很不认真，乱扔东西、发脾气。有感受：妈妈感到很担心，很难过。说事实，是让孩子知道发生了什么；说感受，是让孩子知道发生的事情给他人的情感造成了什么影响，引导孩子成为一个懂得关注别人的感受和爱别人的人。

也就是说，通过述情开发孩子的共情能力。当他看到父母因自己而难过、焦虑的时候，内心一定会有所触动，这份触动会推动他发生改变。让一个人行为上做出改变，一定要让他心理上有改变的能量，述情就是给孩子这样的心理能量。孩子天生就有爱父母的本能，引导孩子与父母共情比较容易做到。渐渐地，再引导他爱别人。这也是在教孩子爱的能力。

如果只说事情，沟通的过程中就缺乏温度，如果语气再稍微不好，就很容易变成指责，而指责则会切断父母与孩子之间的情感链接。述情则是建立了父母与孩子之间的情感链接。

# 如何用述情向孩子表达负面感受

述情是正确的表达方式，但具体该如何述情呢？有没有"述情"不当的时候？当然有。比如孩子把你心爱的花瓶打碎了，你可能会这样表达：

"你知不知道这个花瓶多贵，我花了多大力气才淘到的，你却随随便便就把它打碎了，你知道我有多心疼，多生气吗？"

这句话里也有述情的字眼——心疼、生气，这不也是在表达自己的感受吗？但为什么听起来没有丝毫的温暖呢？这是因为，虽然也是在表达自己的感受，却带有指责的心态和语气。比如，"你知不知道……？""你知道我有多心疼、多生气吗？"这种质问和反问是一种强烈的谴责，比一般的批评和指责更有冲击力。所以，即便父母是在表达自己的感受，同样会让孩子感觉到不舒服。

那么，如何正确地表达自己的负面感受呢？看看下面这种表达。

"这是妈妈最喜欢的花瓶，现在却被你打碎了，妈妈心里好难过呀。妈妈现在的心情就像你最喜欢的玩具被人弄坏时一样糟糕。"

在这句话里，没有充满负面情绪的批评和指责，只有冷静平和的描述，平和地描述事实，平和地描述感受。这种冷静平和是怎样做到的呢？

用陈述句心平气和地陈述事实和表达感受

在这个语境里，反问是一种责问，本身就是一种批评，即便表达的事情和感受是真实的，依然无法让孩子与你共情。反问会给人带来居高临下的感觉，这种居高临下的指责会让孩子不舒服。而陈述句的表达则是把孩子放在了和自己平等的位置上，相信孩子可以体会父母的感受，相信心平气和的沟通就可以让孩子认识到自己的错误，相信孩子有共情能力。事实上，孩子的共情能力也正是在这个过程中发展起来的。所以在表达自己的负面感受时，用陈述句表达更好。

不过也有父母会担心：我的态度如此平和，孩子会不会不当回事儿？其实这是我们的一个认识误区，以为表达时用词越强烈、口气越重孩子才越会重视。但事实恰恰相反，语气强烈是会对孩子的内心产生冲击，但对他产生冲击的并不是你说话的内容，而是你说话的态度和样子，这种态度会对他造成巨大的压力并给他伤害。他需要花时间去消化这种伤害，而认识错误和改正错误的时间就延后了。这也就是我们训完孩子之后，孩子没多大反应的原因。

而平静的表达看似无力，实则会产生"润物细无声"的效果，这样的表达方式能让孩子"听进去"，他能够更快地接收到你说话的内容、体会你的感受、与你共情。

不过，当我们对孩子不满时，很难做到心平气和地表达自己的感受。这就需要在表达之前先对自己进行情绪管理。先用情绪管理的方法让自己的负面情绪消失，然后再向孩子述情。也就是说，负面的感受要正面表达，永远都要在正面的心理能量下进行沟通。

**引导孩子进行角色互换**

为了让孩子更好地理解我们或他人的感受，在表达时，我们可以引导孩子与我们或他人进行角色互换，把他放在和我们或他人同样的境遇下进行思考。例如，"妈妈现在的心情就像你最喜欢的玩具被人弄坏时一样糟糕。"或者这样说："如果你最喜欢的玩具被人弄坏了，你的心情会怎么样？""很伤心。""那你觉得妈妈现在的心情怎么样？"

2~6岁的幼儿理解他人感受的能力毕竟是有限的，用这种方式引导孩子去体会他人的感受，他可以更容易认识到自己的问题。

**准确、具体地表达自己的感受**

在表达自己的感受时，如果我们能更准确、具体地表达自己的感受，将更有利于孩子了解我们的感受。也就是说，你给孩子画的那张走进你内心的线路图要清晰一些。尤其是2~6的幼儿，他们对情绪、感受的捕捉能力还不强，如果不具体、准确地表达，孩子将很难体会你的心情。

孩子把你心爱的花瓶打碎了，你要告诉他："我很难过。"

孩子打了幼儿园的小朋友，你要告诉他："你这样做，我很生气。"

你工作了一天回来后，一点也没有精力陪孩子玩，此时你要告诉他："妈妈很累。"

孩子出去玩了好久才回来，你要告诉他，以后不能这样，因为妈妈会"担心"。

准确、清晰、具体地表达自己的感受，孩子才能更好地去体会你的感受，才知道他要怎么做才能让你不再有这种不好的感受。而模糊地表达感受会让孩子无所适从，同时也不利于孩子学习如何述情。当然，要做到清晰、具体地表达自己的感受，需要父母能够觉察自己的情绪，并知道与每一种感受相对应的词汇是什么，这也需要父母去学习、去练习。

通过以上三种方法可以很好地用述情向孩子表达自己的负面感受。但是，在向孩子表达负面感受时，父母也要注意两点。

**负面感受表达过多会引起孩子的焦虑**

善于用述情向孩子表达负面感受，并不等于和孩子有关的任何负面情绪都要向孩子倾诉。如果频繁地向孩子表达负面情绪，就会引起孩子的焦虑。比如早上说"你不好好吃饭让我感到很生气"，中午说"你不睡午觉我感到很焦虑"，晚上又说"你看了两个小时的动画片了，我好担心你的眼睛"。这样密集地向孩子表达负面感受，会让孩子觉得"我的妈妈时时都在不开心"，并且"这些不开心都是我造成的，我是个不好的孩子"，这会让孩子经常处于负罪感当中。

述情并不等于把孩子当作你的情绪垃圾桶，一有负面感受就要向孩子表达，而是要自己先消化、先做情绪管理、先判断，然后再将管理不了的或者认为表达出来有益于孩子改变或成长的情绪表达出来。述情的目的是更好地沟通，而不是单纯地宣泄情绪。

述情后，要给孩子改变的时间

既然述情是"润物细无声"的方式，那么它的效果当然也不是疾风骤雨式的，述情之后，孩子的改变是需要时间的。他往往需要在情感上先消化，然后才会在行为上慢慢体现出来。所以在述情之后，父母要有耐心，等待孩子慢慢发生变化。

总之，通过述情的方式和孩子沟通，是一个双赢的方式。父母可以适当地舒缓自己的情绪，孩子也更容易接受父母的教育，对于亲子关系的和谐则更加有益。

# 孩子令你开心时，要习惯述情

孩子令你不满时，要述情。那么孩子令你开心时，要不要述情呢？我们可能会认为，说负面感受是为了让孩子了解自己的感受、与自己共情，进而认识到他的错误，得到改变和进步，说正面感受有什么作用呢？其实，若想让孩子变得更好，说正面感受的效果会更好。因为语言有心理暗示的作用，父母

不断地说正面语言，孩子的行为就更容易往正面发展。同时，表达正面感受，会让双方的心情都愉悦，更会让孩子的快乐加倍，那么亲子关系当然也会更加和谐。

但是，与表达负面感受相比，有些父母更缺乏表达正面感受的意识和习惯，特别是那些性格内敛的父母，让他们说出"儿子你太棒了、你今天让我很高兴、妈妈喜欢这种感觉、宝贝我爱你"之类的话并不容易。

所以不善于向孩子表达正面感受，和不善于向孩子表达负面感受一样，都会造成亲子关系不够亲密。

4岁的儿子总把玩具扔得满地都是，你不得不每天都收拾，为此唠叨过他很多次，但他没有丝毫改变，后来你也懒得再唠叨。

有一天你回到家，发现家里和往常不太一样，沙发上、地板上都很干净，儿子的那些玩具都不见了。看看玩具箱，果然，它们都静静地躺在里面。是谁收拾的呢？你感到疑惑。问儿子，儿子说："我收拾的。"

"哟，太阳打西边出来了。"儿子这次的表现让你很开心，但又觉得这不过是他的心血来潮罢了，"行，我看你能收拾几回。"

不一会儿，老公回来了，一进门就惊呼道："哇！今天家里好整齐。是哪个魔术师把玩具都变到玩具箱里了呢？"

"是我，爸爸。"儿子说。

"哇！儿子你太棒了！爸爸太高兴了，你今天的表现可以打一百分！我喜欢家里整整齐齐的样子，这种感觉太棒了！"老公说完，捧起儿子的小脸蛋使劲儿亲了一口。

"真的吗？爸爸，我收拾玩具你这么开心？"儿子问。

"当然了，你这么小就能为家庭做贡献，爸爸当然开心了。而且，看到家里这么干净，爸爸工作一天的疲惫都没有了。"

"那好，既然你这么高兴，那我明天还收拾。"

果然，之后，儿子开始渐渐收拾玩具了，虽然还做不到每次都收拾，但和之前天天扔得满地都是比起来，已经好太多了。

每个孩子都想被重视、被看到，尤其是被看到自己的"好"。因为自己的"好"而带给别人快乐，这更会让孩子感到存在的价值。表达正面感受就会带来这样的效果。而批评和指责则让孩子看到了自己的不好，并且自己的不好还带给了别人不快乐，这种感受太糟糕了。即便孩子愿意去做正确的事以避免这种糟糕的感受，内驱力仍然不如重复快乐的感受更大。因为，前者让人感到压力，后者让人感到轻松。而幼儿是按照快乐原则生活的。如果在做一件事情前、后和过程中始终感受到的是快乐的氛围、放松的状态，那么孩子就很愿意去做这件事。

这就是为什么表扬、鼓励、开心、爱等正面感受比批评、指责更能带给孩子力量的原因。

父母在看到孩子有"好"的表现时，要不失时机地表扬

他、鼓励他，用正面感受去感染他。哪怕这种好的表现是一时的，是孩子的心血来潮，也要毫不吝啬地去鼓励他，只有这样，孩子的好表现才能从"一时"变成"经常"。好习惯就是这么形成的。

表达正面感受很容易拉近父母和孩子的距离。一个肯定自己的父母，一个具有丰富情感、生动面孔、时常快乐的父母，孩子当然更愿意接近。

当孩子有了任何令你开心的言行时，父母要及时向孩子表达自己的正面感受。表达的次数越多，孩子的正向行为就越多，你对孩子的满意度就越高，这是一个良性循环。

具体来说，如何表达能使效果更好呢？

要抓住时机，及时表达

不是说事后表达不可以，而是及时表达更好。首先这会让孩子印象更深刻，其次有利于父母养成表达正面感受的习惯。因为如果当下不表达，之后可能会因为种种原因耽搁、忘记，那么一次和孩子亲密交流的机会就失去了。

表达要具体

第一，事实具体。"你今天把自己的玩具收拾到了玩具箱里，我感到很高兴。""你这么小就能为家庭做贡献，爸爸很开心。"这是强调孩子具体做了什么事让你很开心，是从语言上对孩子进行心理强化，使他更愿意去做这件事，同时也是给了他努力的方向。

如果不说事实，只是说："儿子，你太棒了！""儿子，你今天的表现让我很高兴。"那么孩子就会纳闷儿："我做了什么事情让你开心？你在夸我什么呢？"尤其是经常这样说，孩子就会对你的夸奖感到麻木，无法产生行动的动力。事实上这样的夸奖确实有敷衍的感觉。

第二，感受清晰、准确、具体。"我喜欢家里'整整齐齐'的样子，这种感觉太棒了！""看到家里这么干净，爸爸工作一天的'疲惫'都没有了。"当你如此清晰、准确地表达出自己的感受时，孩子就知道了："哦，爸爸喜欢家里干干净净、整整齐齐的，因为爸爸工作了一天很累，看到家里整整齐齐的他感觉很舒服。"这就给了孩子清晰地了解你的途径。这就是我们说的"述情是给孩子画一条走进你内心的线路图"。

这就是最好的述情，但如果有的父母表达不了这么清晰、准确，其实也可以退而求其次简单地表达，例如，"你这样做我感到很高兴"，这是把事实和感受都简单化了。如果能及时表达，这样说也能产生好的作用，总比不表达要好得多。

可以用书面表达代替口头表达

如果你的性格非常内敛，不善于口头表达正面感受，也可以用文字来表达。当然，这只能是对那些认识一些字或拼音的孩子。例如，孩子今天出门非常配合大人，没有哭闹，就可以写张小纸条放在孩子的枕头旁边："今天出门表现非常好，妈

妈很满意，明天继续哦。""今天你陪妈妈看妈妈喜欢的电视剧，没有抢遥控器，妈妈感到非常开心。"用这样的文字让孩子感受到：虽然我的妈妈不善言谈，但一样非常温暖。

**夸奖有度**

过多地表达负面感受不好，过多地夸奖孩子其实也不好。比如一天对孩子说无数个"你太棒了"，孩子吃个饭、睡个觉也说"孩子你太棒了，太厉害了"，那么孩子渐渐就会对这种夸奖产生免疫力，听到了跟没听到一样。因为夸奖得到的太容易了，所以他并不会期待得到夸奖。其次，大事小事都夸奖，会模糊孩子努力的重点。会让他觉得：既然不需要努力就能得到夸奖，那么我还需要努力吗？

不是什么事情都要夸奖，夸也要夸在刀刃上，孩子付出了努力和有重大成长或改变的事情是值得夸奖的，而那些不费吹灰之力、司空见惯的小事则无须夸奖。

总之，当孩子的言行超乎了你的预期、带给了你惊喜、满足了你的期待、令你快乐时，你都要有技巧地毫不吝啬地表达孩子带给你的美好感受，这种感受也会让孩子感觉到美好，而这就是述情的目的——让美好的感受在父母和孩子之间传递，让亲子关系因此而更加美好。

# 客观表达事实，不夸大和歪曲孩子的行为

好的表达是说事实更说感受，但在说事实时，你会像下面这样表达吗？

晚上，孩子在津津有味地看动画片，你走过去说道："还看，都看了一天了！"

孩子立刻反驳道："哪看了一天，下午不是练了一小时钢琴吗？上午还出去了一会儿呢。"

"那也看了很长时间。"

"那也不是一天都在看。"

当父母把孩子的行为"极端化"，就很容易造成双方的争执。孩子是看了较长时间动画片，但并不是"一天"。父母在叙述事实的时候不够客观，夸大了孩子的行为，增加了孩子的罪恶感，使孩子感到不舒服，那么他自然会为自己辩解。我们为什么会夸大孩子的行为？因为这样表达可以起到谴责孩子的作用。也就是说，表面上我们是在描述事实，其实我们是在谴责孩子。依然是在批评和指责孩子，只不过我们换了一种方式。

还有哪些夸大孩子行为的表达呢？

"别闹了，就没有安静过一会儿。"

"嘴真笨，一句话都不会说！"

"玩吧，天天就知道玩儿。"

如果父母习惯这样说话，孩子将经常处于打击之中。结果

依然会有两种：认同你对他的评价，形成自卑的性格内核；不认同你对他的评价，形成叛逆的性格内核，在言行上和你对着干。比如只要你这么说他，他就跟你顶嘴。

我有一个朋友就习惯这样说话，我问他为什么要这样表达。他说觉得这样说话有力度，更能说服别人。我告诉他，可能刚好相反，你还没说服别人，就先打击到别人了。你"总是"这样，你"从来"都是这样，没有任何一个人愿意被这样绝对化的表达定性：难道我就这么差，就没有表现好的那一刻吗？所以，当父母这样说话的时候，首先激起的是孩子的反弹，而不是说服。所以，在表达中夸大孩子的行为，必然带来负面的沟通效果。

除了夸大孩子的行为，有些父母在沟通时，还会有以下不符合客观事实的表达。

妈妈走进卫生间，发现地上有好多水，儿子正在用水盆里的水给他的水枪装水。妈妈立刻吼道："怎么又把地上弄这么多水？再乱玩水，小心我把你的水枪没收！"

"妈妈，这地上的水不是我弄的！"

"不是你弄的是谁弄的？我都抓住了，你还不承认！"

"妈妈，真的不是我弄的，我进来的时候地上已经有好多水了。"

"还狡辩，每次闯祸都不承认！"

"妈妈，我哪有每次都不承认？"儿子的嗓门也大了起来。

这时爸爸跑了过来："是我弄的，是我弄的，我刚才把桶里的水弄洒了，还没来得及拖。不是儿子弄的，别冤枉他。"

"哼！"儿子气呼呼地瞪了妈妈一眼，走开了。

在这段争执中，妈妈不仅夸大了孩子的行为——每次闯祸都不承认，同时又歪曲了孩子的行为——明明是爸爸把水洒了一地，妈妈却认为是儿子干的，仅仅是因为看到儿子在玩水枪。这是一种主观猜测，并不符合事实，自然会遭到孩子的反驳。

什么是事实？事实是符合客观情况、自己亲眼所见并经过验证的具体事件。在这个案例中，妈妈并没有亲眼看见儿子把水洒了一地，也没有去验证这件事，所以不能确定自己所说的就是事实。拿不确定的事情去责怪孩子，就很有可能冤枉孩子。

那么歪曲孩子的行为，又是出于什么样的心理动机呢？是因为父母对孩子不信任，不相信孩子有良好的表现，而相信那些不好的事情是孩子做的。

鉴于以上情况，我们该如何调整心理和表达方法才能更好地与孩子沟通呢？

去除批评、指责孩子和不信任孩子的潜意识

父母之所以会夸大和歪曲孩子的行为，根本原因是对孩子不满意，而夸大和歪曲孩子的行为，是为了让外在事实更加符合自己的主观意识。为此不惜牺牲孩子的良好感受来满足自己的感受，所以这是一种自私的、缺乏爱的表达。如果我们想更

好地与孩子沟通，就要改变这种潜意识，要分清楚自己的潜意识是一回事儿，孩子的表现是另一回事儿，孩子无须为我们的潜意识负责。如果我们对孩子感到不满，可以通过述情的方式直接表达，例如，"你今天看了很长时间电视了，我感到很焦虑，妈妈希望你不要再看了，休息一下。"而不是通过夸大或歪曲孩子的行为间接批评孩子。

**不用绝对化的词汇，尽量用具体可衡量的词汇描述孩子的行为**

从表达技巧上来说，不用绝对化的词汇可以改变这一说话习惯。如不用"天天、整天、一天到晚、一直、总是、老是、从来、又、每次都、就没有"等这种绝对化的词汇，而改用具体可衡量的词汇。"经常、很久、很少"这样的模糊词汇也要谨慎使用。

例如，"你已经看了4小时动画片了""你今天的大部分时间都很闹，只有一小会儿是安静的"，或者说"你很少安静"。这种具体的表达只有经过思考和确认才能说出来，大多是符合事实的。

无论是表达感受还是表达事实，我们都要尽量做到精准表达，这样不仅方便孩子更准确地接收信息，同时也不容易引起分歧。所以说准确表达，是表达的一个基本功。

**当不确定某件事时，可以先就事情进行询问调查**

在"抛掉剧情，不再假设"那一节我们说过，当你不确定某件事情时，应该先验证，而不是先责怪孩子。如何验证呢？可以询问孩子或其他家人。比如："地上的水是你弄的吗？""地上的水是谁弄的？"更好的问法是："地上为什么有这么多水？"因为后者针对的是事情，前者针对的是人，后者要比前者更中立、更客观。比起责问孩子"怎么又把地上弄这么多水"更中立、客观。因为责问是给孩子"定罪"，是带有强烈负面情绪的批评和指责。那么这两种表达方法给孩子的感觉肯定不一样了。

所以，在你不确定某件事情时，可以先就事情进行询问调查，就不会对孩子冲口说出不符合事实的话。

总之，我们的表达要符合客观事实，而不是符合自己的主观判断；要情绪平稳，而不是带有负面情绪。表达艺术的根本其实是心理调节和情绪管理的艺术。

## 告诉孩子你的建议和需求，而不是决定

告诉孩子我们的建议，而不是决定

替孩子做决定，在许多父母看来，这是再正常不过的事情了：孩子那么小，他怎么知道什么是好什么是坏，他怎么知道如何选择，我当然要替他做决定了。于是生活中这些场景就出现了：

"这条裙子漂亮，就买这条。"

"汉堡包是垃圾食品，不能吃，走吧，去吃中餐。"

"多吃青菜，青菜有益身体健康，少吃肉。"

"学篮球有什么用，报写字班，写好字对将来学习有用。"

如果父母习惯于这样与孩子沟通，对于一些性格乖顺的孩子来说，好像也不会产生什么摩擦。但会造成一种后果，就是他们会渐渐失去为自己做主的意识和能力。小时候依赖父母为自己做主，长大后依赖伴侣或者他人为自己做主。而这些小时候不能为自己做主的孩子，长大后很可能会做出一些"出格"的事情。比如我有一个朋友，表面看起来特别没主见，大小事都喜欢询问朋友的意见，但最后做决定的时候又多半不会遵循朋友的意见，而是按照自己的想法来，但他自己的想法又常常会带来特别可怕的后果，比如家庭和事业的失败。这样的人其实是有两个自我，一个是小时候依赖父母为他们做主的那个自我，另一个是渴望摆脱父母为自己做主的那个自我。但是，因为他们从小都没有为自己的事情做过决定，所以失去了做出正确选择的能力。

习惯为孩子的事情做决定，不仅仅是沟通的问题，也是心态和教育方式的问题。

对于那些性格叛逆的孩子来说，这种沟通方式会带来父母和孩子之间的直接冲突。

"这条裙子漂亮，就买这条。""不！我就要那一条！"

"汉堡包是垃圾食品，不能吃，走吧，去吃中餐。""不！我就爱吃汉堡包！"

"多吃青菜，青菜有益身体健康，少吃肉。"他直接把青菜扔掉。

"学篮球有什么用，报写字班，写好字对将来学习有用。"结果呢，你给他报了写字班，但他却不好好上课。

替孩子做决定，总会带来这样或者那样不好的结果。但是，孩子这么小，不替他们做决定，真的让他们自己做决定吗？好像又不太放心。那怎么办呢？可以告诉孩子我们的建议，然后引导孩子做出正确的选择。

"妈妈觉得这条裙子很漂亮，不过你喜欢的那条也很漂亮，究竟买哪一条你做决定吧，毕竟这是为你买裙子。"

"汉堡包、薯条是油炸食品，多吃对身体不健康，爸爸建议去吃中餐，可以吗？"

"肉是很好吃，不过青菜也应该吃一些，这样营养均衡能让你的身体棒棒的，妈妈建议你吃一些青菜。"

"篮球确实好玩，不过写好字对你将来学习很有益处，妈妈建议两个班都上，你觉得怎么样？"

这样的表达，从态度上来说，避免了简单粗暴；从心理上来说，尊重了孩子。所以更容易被孩子接受。就算孩子没有接受你的意见，也保护了孩子为自己做主的权利。每个人都有为自己的事情做主的权利，无论他多么幼小，只要他有了这样的

意识和能力，我们就应该尊重。

我们习惯替别人做选择、做决定，源于我们心中的自大——我比你更知道怎么做，你应该听我的。在与幼儿沟通时，这种心理表现得更"淋漓尽致"——我是大人，你是孩子，我当然比你更知道怎么做，所以你应该听我的。这就导致在日常沟通时，我们不去询问孩子的意见，而是直接替孩子做决定。但这会遭到任何一个有自己"自由意志"的人的反抗。

当我们想让孩子做某事时，不要直接告诉孩子我们的决定，而要告诉孩子我们的建议，然后由孩子来做决定，这是令孩子舒服的沟通方式。如果确实必须替孩子做决定，也要站在孩子的角度、尽量满足他的需求。

**告诉孩子我们的需求，而不是解决方案**

当父母有了需求时，又该如何与孩子沟通呢？

一天，你下班回到家感到很累，特别想休息一会儿，可客厅里的儿子把电视的声音开得很大，吵得你完全无法休息。你来到客厅对儿子说道："声音小一点！"

儿子说道："声音不大呀。"

"还不大？都快吵死了。"

"这声音已经很小了，再小就听不见了。"儿子说道。

你生气了，拿起遥控器，"啪！"关掉了电视。

"干吗关电视！"儿子发飙了。

妈妈想休息，儿子想看电视，他们的需求都是合理的。但他们的需求却发生了矛盾，儿子看电视必然会影响妈妈休息。这个时候怎么解决？妈妈直接说出了自己的解决方案：把电视声音关小一点，甚至直接把电视关掉。这遭到了儿子的反抗。因为儿子不明白妈妈为什么觉得电视的声音太大。也就是说，妈妈没有把事情的原因告诉孩子，而只是告诉了儿子自己的解决方案。

事情的原因就是妈妈此刻的需求和感受——感到很累，需要休息，这个时候，即便再小的声音对她来说都是噪音。但儿子并不知道妈妈的需求，所以无法做到配合妈妈的解决方案。

所以，问题出在妈妈的表达方式上。此刻，妈妈需要告诉儿子的是自己的需求，而不是解决方案；妈妈需要强调的是"自己需要休息"，而不是"电视的声音太大"。因为问题的重点在于前者，而不是后者。

如果妈妈这样说："儿子，妈妈今天很累，想休息一会儿，但电视声音吵得我睡不着，你能把电视的声音关小一点吗？"那么儿子把声音关小一点的可能性会很大，甚至有可能把电视关掉。所以有时候并不是孩子不"听话"、不理解我们，而是我们没有给孩子一个理解我们的渠道。

说出自己的需求和只说自己的解决方案有什么不同？前者会让孩子觉得父母是温柔的，是在和他商量，是希望他能够与父母共情；后者会让孩子觉得父母强势、霸道，甚至无理，当然就不愿意配合了。

当父母有了某种需求，并且需要孩子配合才能满足你的需求时，一定要告诉孩子你的真实需求，而不单单是你的解决方案。

无论是替孩子做决定还是简单粗暴地告诉孩子自己的解决方案，都会给孩子带来同一种感觉：我必须听父母的！一旦沟通变成了"你必须听我的"，就会无法进行下去。因为沟通是一种交流，而不是控制。

强硬的、冰冷的、简单粗暴的表达方式都会遭到孩子的反抗，而柔和的、温情的、细腻的表达方式则容易让孩子接受。也再次说明，在沟通中"述情"很重要，只有你述情了，孩子才有可能与你共情，进而才会满足你的要求或需求。

## 亲子沟通中的魔力句型1："我希望……"

掌握一些简单的句型也可以帮助我们更好地述情。使用这些句型你会发现，原本很难沟通的问题突然变得简单了，原本出现的矛盾和冲突突然消失了。这些句型让沟通产生了魔力一样的效果，可以称为魔力句型。第一个魔力句型就是"我希望……"。

**不说"我担心"，而说"我希望"**

当我们对孩子的成长感到焦虑和担忧时，我们可能会这样表达：

你胆子这么小，我真担心别的小朋友会欺负你。

老是不好好吃饭，个子这么小，将来长不高了怎么办？

一个"大"字写了十几遍还没写好，上小学怎么办？

快要上小学了，还是就知道玩儿，愁死了。

看看别的小朋友，十八般武艺样样都会，再看看你，我真替你发愁啊。

这样的表达也是说事实加感受，也没有夸大和歪曲孩子的行为，也没有批评和指责的语气，但这是好的表达吗？我们仔细琢磨就会发现，这些话的重点在于表达父母的焦虑和担忧，却因此强调了孩子的缺点和问题："因为你有这样的缺点和不足，所以我才会如此担忧。"那么就会给孩子带来这样的心理暗示："我的问题很严重，看爸爸（妈妈）已经为我担忧成什么样子了。"也就是说，这样的表达放大了孩子的问题，增加了孩子的心理负担。父母通过述情释放了一部分心理压力，却把心理压力转嫁给了孩子。那么对于承受力还比较弱、还未完全建立起自信的幼儿，就会造成某种程度的伤害。

那么正确的表达是什么呢？

你胆子有点小，我担心别的小朋友会欺负你。

你个子不够高，是你不爱吃饭造成的，如果继续这样下去，将来有可能长不高哦。

这个"大"字很简单，如果这个字写不好，将来上小学可

能会遇到更大的困难。

快要上小学了，不能只知道玩儿，不然妈妈会担心的。

你到现在还没有一样才艺，妈妈有点替你担心。

这样的表达也是说事实加感受，但去掉了强调孩子缺点的词——这么、就，也去掉了一些表示过于担忧的词——怎么办、愁死了、发愁，因为这些词容易给孩子造成"我的问题很严重，我已经无药可救"的感觉。去掉这些词之后，父母的负面情绪不再那么强烈，表达更加符合客观事实，那么给孩子的压力就小了很多，是比较正确的述情表达。

但这依然不是最好的表达，因为这仍然是在描述负面事实和负面感受，仍然会给孩子带来负面的心理暗示。那么什么才是最好的表达呢？既然语言有心理暗示的作用，既然我们希望孩子向我们期望的方向发展，就要用正面语言给他正面的心理暗示。

我希望你的胆子大一点，这样妈妈就不会担心别的小朋友欺负你了。

妈妈希望你好好吃饭，这样妈妈就不会担心你长不高了。

妈妈希望你把这个"大"字写好，那么将来上小学写字就会轻松一些。

妈妈希望你除了玩也开始知道学习，因为你快要上小学了。

妈妈希望你学一点才艺，将来也成为一个有特长的人。

这样的表达也是说事实和感受，但事实是正面的事实，感受是正面的感受，用正面的事实和感受给孩子描绘一个美好的前景，给孩子指明努力的方向，把孩子的注意力引向如何实现这个美好的图景上面，给孩子带来的是正面的心理暗示和正面的心理感受。那么它的效果是显而易见的。

当你对孩子的成长感到焦虑和担忧时，不要过多地说你的焦虑和担忧，而要多说你的希望。用这样的表达给孩子一份温暖的鼓励，把他往你希望的方向推进。

不说"你应该"，而说"我希望……"

当你希望孩子当下就做某事时，用"我希望"这个句型也可以达到良好的效果。比如快到晚上10点钟了，你希望孩子马上去睡觉，就可以这样说："妈妈希望你在10点前睡觉。"

这其实也是一种述情："如果你在10点前睡觉，我将会很开心。"

但可惜，很多时候我们是这样表达的："你应该在10点前睡觉！"这就成了命令，成了用对错的标准要挟孩子必须做到，如果做不到，你就是"错的"。这样给孩子的感受就完全不一样了，所以非常容易导致孩子的反感："谁说我应该在10点前睡觉，我10点后睡觉不可以吗？"

冲突就是这么形成的，仅仅因为表达方式的不同。

因为每一个"你应该"都暗含指责之意：你现在这样是不对的，按我说的去做才是对的。其次，每一个生命个体都不喜欢别人安排自己的生活，即便他人说的是对的。所以每一个

"你应该"都会遭到孩子行为或心理上的反抗。

所以，让我们在这个时候多说"我希望"，少说"你应该"吧。

"8点了，我希望你尽快起床。"

"不早了，我希望你现在去洗澡。"

"我希望"里面没有对错、没有指责、没有评价、没有命令，只有自己此刻的想法，把自己的想法告诉孩子，如何去做取决于孩子，这里面没有一丝强迫。

或许有的父母会认为，这样轻描淡写的表达，孩子哪会当回事儿。是的，述情并不会产生立竿见影的效果，当你说完"我希望"之后，孩子并没有马上去洗澡。但是，如果你坚持长期这样向孩子述情，孩子就会渐渐学会与你共情——为了让你快乐而去做你想让他做的事情。因为述情的功能就是让孩子与你产生情感链接。别说孩子了，就是陌生的两个人经常述情，彼此也会越来越关爱对方。所以，用述情与孩子沟通，是相信孩子爱自己，也是相信自己可以用爱解决亲子关系中的问题。

我们表面上是在学习如何表达、如何沟通，其实是在学习如何"爱"。而多说"我希望"就是在练习如何爱孩子，同时也是在教孩子如何爱自己。

## 亲子沟通中的魔力句型2："我喜欢……"和"好吗？"

**少说"我不喜欢……"，多说"我喜欢……"**

今天早上出去吃早餐，碰到一对母女，女儿三四岁的样子，手里拿着一袋糖果，正准备拿出一颗糖果吃，妈妈说道："不准吃糖了，现在是吃饭时间。"说话时脸上面无表情，语气也丝毫没有热情，但仍然积极地给孩子拿碗盛汤。

这样的父母能说不爱孩子吗？也爱。却不懂得如何通过更好的表达方式来表现自己对孩子的爱。

除了说"不"，有些父母还喜欢用"不喜欢"来和孩子沟通。

我不喜欢你天天哭闹。

我不喜欢和妈妈顶嘴的孩子。

你不听话，妈妈不喜欢。

你不讲卫生，妈妈不喜欢。

你画的这幅画，妈妈不喜欢。

想想看，如果我们最亲近的人今天不喜欢我们这样，明天不喜欢我们那样，我们的心情能好吗？"不喜欢"其实是种否定：我不喜欢你现在的样子，你变成我说的那种样子我才喜欢。这其实就是用"不喜欢"强迫孩子变成自己心目中的"理想孩子"。爱说"不喜欢"不仅是表达的问题，更是心态的问题。

拥有这种心态的父母，不仅和孩子说话时这样，日常生活中也习惯这样表达：

你炒的这个菜不好吃。

你穿的这件衣服我觉得不好看。

你干吗老是看这类节目，我不喜欢。

去唱歌啊？我不喜欢。

我不喜欢旅行。

我不喜欢这个人。

这会给人一种什么感觉？这是一个消极的、充满负能量的人，他不喜欢的人、事、物太多了，他活得不开心。就如开头我讲的那个案例一样，喜欢用"不"来表达自己感受的父母，脸上难以露出笑容，而这样的父母能给孩子带来更多的快乐吗？

我们应该少说"不喜欢"。那么，在这些时刻，我们该如何表达呢？

妈妈更喜欢你开开心心/认真的样子。

妈妈喜欢讲卫生/早睡早起/好好说话的孩子。

你昨天画的那幅画妈妈更喜欢。

你穿那件衣服更好看。

你唱歌时音准如果再好些就更好了。

这样表达是不是听起来更舒服？不说对孩子目前不足之处的不喜欢，而说对昨天的满意或明天的希望，那么即便是同样表达希望孩子变成自己心目中的"理想孩子"这个意愿，也很容易被孩子接受。因为这样表达是对孩子现状的接纳，在接纳的基础上再对他提出更高的要求。

除此之外，"我喜欢"也是告诉了孩子他努力的方向，或者是直接告诉了他"你希望他怎么做、他怎么做你才会更开心"。例如，"妈妈不喜欢你天天哭闹"，那么你喜欢孩子怎么样呢？不如直接告诉他："我喜欢你有什么事情说出来，而不是用哭闹表达。"也就是说，说"我喜欢"比说"我不喜欢"更加清晰、具体，更容易让孩子理解你的意图，是更高效的沟通。

这一点我们成人应该也有体会，有时我们和伴侣吵架时会这样说："我最讨厌你这个样子"，但并不是每一个伴侣都能从你这句话中捕捉到你喜欢他什么样子，更别说2~6岁的幼儿了。所以，与其说"不喜欢"，不如直接告诉他你喜欢他怎么做。

少命令，多请求

说话的语气会直接影响表达的效果。命令的语气容易引起孩子的反抗和反驳，而请求、商量的语气则容易得到孩子的配合。

"不许哭了！"结果往往是继续号啕大哭。而"不哭了好吗？"则会让孩子渐渐平静下来。

"不准再吃糖了！"可能他根本就不理会你。而"不吃糖了好吗？妈妈好担心你的牙齿呀！"或者"妈妈希望你有一口

好牙齿。"就有可能使他放下手里的糖。

当我们想让孩子去做某事时，请求、商量的口吻会更管用。

"把地上的垃圾捡起来，好吗？""好的。"

"现在我们可以回家了吗？""可以呀。"

但如果你这样说："把地上的垃圾捡起来！"则有可能得到这样的回答："为什么让我捡？又不是我扔的！"

"现在给我马上回家！""不回！"

为什么请求、商量的口吻更能得到你期望中的回应呢？因为这代表你对孩子的尊重。一岁的孩子就有了为自己的事情做主的意愿，同时，每一个生命都有为自己的事情做主的权利，无论这件事在别人看来是错还是对。请求、商量就是对孩子这种意愿和权利的尊重，这会让孩子感到舒服和快乐。当孩子得到尊重、感受到快乐时，他才有可能去尊重别人、让别人快乐。而当他得不到尊重的时候，他首先要做的是维护自己的尊严和感受，反抗和反驳就是他维护自己尊严和感受的方式。

你让他舒服，他也让你舒服；你与他共情，他也与你共情。

当然，并不是每次用请求、商量的口吻与孩子沟通时，都能得到我们期望中的回应，那也没关系，因为我们本来就是在征询孩子的意见，孩子有权利做出符合他当时意愿的选择。

但是，如果我们能经常用这样的心态和方法与孩子说话，孩子愿意配合的次数一定比拒绝的次数要多。就算不配合，我们也不会起情绪。

当你希望孩子不再做某事或去做某事时，不妨用询问的方式、商量和请求的语气，在句子里加上"好吗？可以吗？"等字眼，一定会有良好的沟通效果。

从以上表达可以看出来，表达自己的感受尤其是正面感受，以及尊重孩子的感受，能使沟通产生魔力一样的效果，而这就是述情与共情，述情与共情让沟通变得容易且高效。所以，让我们多说这些句型："我希望……""我喜欢……""好吗？""可以吗？"

## 少盯着孩子的错误，多培养孩子的正确

在我们通常的认知里，"纠错"是使一个人变得更好的途径。一个人如果把自己的缺点、不足和错误都改掉了，不就可以变得越来越好了吗？于是我们总是忍不住去多次提醒、纠正别人的缺点和错误，也理所当然地认为应该这样教育孩子，其实效果不一定尽如人意。

那么，如果我们不去一味盯着孩子的错误，如何让他变得越来越好呢？我们可以反其道而行之，多培养孩子的正确。同样利用的是语言的心理暗示作用，在他的正面表现上多做文

章,让良好的心理感受成为他变得越来越好的动力。具体可以分以下几个步骤进行。

**当孩子的表现不尽如人意时,尽量保持沉默或使用魔力句型**

2~6岁的幼儿多动、黏人、爱吃零食、乱扔东西、不讲卫生,每天都有无数的毛病在挑战我们的耐性,有些父母对这些问题更是零容忍,只要看到就忍不住想要批评和纠正。

现在,让我们换一种做法,当孩子令我们不满时,尽量保持沉默。如果你做不到完全沉默,可以使用我们的魔力句型:"妈妈希望你玩完之后能把玩具收拾一下。""我喜欢家里干干净净的样子。""你可以帮妈妈把这些玩具收拾一下吗?"不过度关注孩子当下的错误,而更关注孩子未来的好的变化。

**当孩子有微小的进步时,要抓住机会夸奖和肯定**

当你使用了魔力句型,孩子有良好的表现时,比如真的把玩具收拾了一下。这个时候,父母一定要抓住机会夸奖,但夸奖要适度,不要过分夸大;还要具体,不能模糊。例如,"太棒了,这么小就会收拾房间了!""太棒了,能帮助妈妈做事情了!"夸奖能放大孩子良好的表现,给他带来愉悦感,使他下次更愿意去做这件事。

在平时也是这样,只要孩子在某个细节上有良好的表现,就尽量肯定他。只要有一次良好的表现,就马上肯定。肯定了他的第一次,他就有可能做第二次。多次肯定他,他就有可能会形成习惯。这就是培养他的"正确"。有的父母会认为，不能随便夸孩子，特别是孩子只是偶尔表现得不错时，更是吝啬夸奖。其实，夸奖是给孩子这样的心理暗示：你可以做好，或者你将来可以做得很好。当他有了这样的潜意识，他的行为就会向他的潜意识靠近。也就是说，让正面的心理暗示成为他变得更好的精神能量。

当孩子做得不够好时，尽量不要替他做

2~6岁的幼儿可能大部分的事情都做不好，例如系鞋带，穿衣服，吃饭等，每当这时候，我们都忍不住帮他做：帮他系鞋带，帮他穿衣服，夺过他手里的碗喂他吃饭。殊不知，帮助孩子做事情也是一种"纠正"，也是在告诉孩子：你做不好，我帮你做吧。同样是在向孩子传递这样一种意识：我不行，我做不好，必须爸爸妈妈替我做。如果在帮孩子做这些事情的同时还伴有这样的指责和抱怨："你怎么这么笨呢，系个鞋带都不会。"就更打击孩子的自信了。所以，孩子的事情尽量让他自己去做，并接纳他做得不好的时候。

我有一个朋友，她鼓励女儿从两三岁开始就洗自己的内衣、袜子，她当然不可能洗得很好。但妈妈从来不说女儿洗得不好，而是等女儿洗完后，自己再偷偷地洗一遍。然后每次都夸奖女儿勤快、洗得好。到了五六岁时，女儿不但养成了自己洗小衣服的习惯，而且洗得越来越好，基本上不用妈妈再洗一遍了。

当我们不用语言和行为去强化孩子不好的一面，而是去培

养他好的一面时，孩子就真的朝着我们希望的方向前进了。当然，这需要一个过程，需要父母对孩子有一定的包容、接纳和耐心。我们之所以习惯于去纠正孩子的错误，其中一个很重要的原因是我们对孩子的成长没有耐心，我们不能很好地接纳孩子做得不好的时候。

### 让孩子从帮助大人中得到成就感

除了不帮孩子做他能够做到的事情外，让孩子帮自己做事情同样能达到这样的效果。但在沟通时要懂得示弱，要能够让孩子从中得到成就感。如可以让孩子帮自己收拾行李，但要这样说："哎呀，爸爸的行李太多了，一个人完全收拾不好，你能帮帮爸爸吗？"可以让孩子提醒自己起床："爸爸年纪大了，总是忘东忘西的，你明天可以提醒爸爸按时出门吗？"

用示弱的表达让孩子帮助自己做事情，会让孩子觉得父母也有力所不能及的时候，而自己竟然可以帮大人做事情，从而得到一种成就感，并愿意去做这些事情。

总是盯着孩子的错误和不足之处，会把孩子经常置于犯错的心境中，久而久之，孩子谨小慎微，什么都不敢尝试，从而失去存在感和自信。不在孩子的错误上面、不足之处大动干戈，而是把注意力放在孩子表现得好的一面或好的时刻，则是淡化他的负面感受，强化他的正面感受，通过强化让他把偶尔的表现变成习惯。这并不是对孩子的不足之处视而不见，而是

采取一种更加迂回的、愉快的方式帮助孩子成长。这种方式需要父母用语言和行为互相配合，渐渐对孩子产生影响。

# 用正能量语言把孩子往你希望的方向推进

既然语言有心理暗示的作用，我们就要用更多正能量的语言对孩子产生积极的影响，这不仅是一种表达技巧，也不完全是述情，它更是一种能力，一种能从孩子的平凡生活中发现孩子闪光点的能力。如果你具备这个意识和能力，那么无论大事小事好事坏事，你都能找到用正能量语言影响孩子的机会。

当孩子如你希望时，不要忘记夸奖他

魔力句型之一"我希望……"，但当孩子真的如你所愿，做了你希望做的事情时，你会有更进一步的表达来巩固这个成果吗？或者孩子突然有一天在某方面表现得特别好，你又会有什么样的反应？

孩子平时总是不好好吃饭，要你劝着喂着才肯吃，还总是吃得满桌满地都是，很让你头疼。突然某一天不需要你喂了，他自己吃得又快又好，这时，你会有什么样的反应？

A: 没任何反应。

B: 哎呦，今天太阳打西边出来了，怎么会自己吃饭了？

C: 今天吃饭挺好的，没让我喂。

D：哇！今天表现太棒了，吃得又快又好，完全不需要妈妈喂。妈妈太开心了，奖励你看30分钟动画片和一个甜蜜的吻。

以上，你会是哪一种反应？第一种反应是漠视，那么孩子的良好表现可能只是昙花一现，因为没有得到你的关注，所以下次可能不会有了。第二种反应更加糟糕，是在讽刺孩子，是对孩子不信任，那么孩子会觉得"既然你不相信我能好好吃饭，那么下次还胡乱吃好了"。

第三种反应是不带有任何感情色彩的陈述事实，对孩子既不会产生好的影响也不会产生坏的影响。这三种反应都不会对孩子产生积极的影响，甚至还会产生消极的影响。只有第四种表达才会对孩子产生积极的影响。它使用了述情、夸奖和奖励，这种正能量输入孩子的内心，会让他产生愉快的感受，并因此愿意下次还表现这么好，因为重复愉快的感受是人的本能。

当孩子如你所愿，做了你希望做的事情时，不要忘了述情、夸奖和奖励他，不要忘了使用正能量的语言把他往你希望的方向推进。

**不管孩子做得好还是坏，都要找到他积极的一面肯定他**

孩子表现得好时，我们当然能找到他积极的一面去夸奖他，但当孩子表现得不那么好时，我们还能找到他身上的闪光点去肯定他吗？很多父母会觉得，不批评他就不错了，怎么可能夸奖他。正是这种思维阻碍了我们与孩子的良性沟通。

2~6岁的幼儿还不太会打扫卫生，但有时他们也喜欢扫扫地、拖拖地，特别是两三岁的孩子，喜欢模仿大人做家务，结果当然是不尽如人意，有时不但帮不了你的忙，反倒把家里弄得更乱了。这时，你会有什么样的反应？

A：这拖的是什么呀，跟狗舔的似的，有一块没一块的。

B：天呀，让你拖个地你就把水桶打翻了，看这满地水。走开，走开！

C：儿子，你都能帮妈妈做家务了，太棒了，妈妈以后多了一个厉害的小帮手了！"

这三种表达方式，你会选择哪一种？第一种是直接否定孩子。第二种看不到孩子积极的一面，只看到了孩子不好的那一面。这两种表达方式对孩子的积极性都是一种打击，使他以后不再愿意做这件事，甚至也不愿意再做你吩咐他的其他事情。第三种表达方式是肯定、夸奖孩子帮妈妈做家务这种态度，会让孩子内心有一种成就感——我也能帮妈妈做事情了，使他以后更愿意做这件事情。

父母可能会觉得，明明他做得不好，我为什么要夸他？很简单，为了让孩子以后能做得好，为了亲子关系的和谐，所以我们说话要有策略。还有，孩子可能做得不够好，但态度是好的，那就值得肯定。如果我们足够爱孩子，并用心地去发现，那么无论什么事，都能在孩子身上找到值得夸奖的地方：如果他做得不好，你就说他做得快；如果他做得慢，你就说他做得好；如

果他做得不好又做得慢，那你就说他愿意去尝试，很棒！

接纳他的不足，肯定他的积极面，用正能量的语言把孩子往你希望的方向推进。

当孩子做出妥协或让步时，一定要对孩子说"谢谢"

幼儿并不容易对父母做出妥协和让步，他们还不太懂得什么是体谅，但这不代表他们任何时候都不体谅父母。基于爱，有时，他们也会体谅父母的难处，对父母做出妥协和让步。这个时候，如果我们把孩子的体谅当成理所当然，什么都不说，什么都不做，似乎是一个不够暖心的父母。因为这时孩子是委屈了自己，成全了我们，所以我们于情于理都应该对他说声"谢谢"。

例如，你许诺星期天带孩子去玩，可却因故不能去，孩子很不高兴，但在你的解释和安抚下，孩子同意改天再去。又或者你答应给孩子买一个他想要的玩具，却临时换了一个便宜的，孩子表示也可以接受。这些时候，如果我们能对孩子说声"谢谢"，并给他们一定的弥补，那么对孩子的心情则是一种安慰，孩子也会觉得向父母做出妥协和让步是值得的。比如我们可以这么说：

"谢谢你体谅爸爸，你太懂事了，这样，爸爸明天带你去公园，回来给你买你最喜欢吃的冰激凌。"

"谢谢你体谅妈妈，妈妈下个月发工资了再给你买那个玩具好不好，现在妈妈给你做好吃的。"

有这样的感谢、安慰和承诺，会让孩子觉得这并不是一个无端拒绝自己的父母，而是会把自己的感受放在心上的父母，那么以后孩子很有可能还会向父母做出妥协或让步。这样的话，即使我们偶尔拒绝孩子的要求，也不会发生大的冲突，孩子也因此学会了体谅和接受拒绝。

　　无论是孩子表现得好的时候，还是表现得不那么好的时候，或是向我们做出妥协和让步的时候，亦或是其他时候，我们都可以找到孩子积极的、闪光的一面，然后用温暖的、正能量的语言去和孩子沟通交流，并因此让孩子变得越来越好，亲子关系越来越和谐。

　　这样的正能量语言还有很多，具体怎么表达并没有特别的规定，只要能对孩子产生积极的影响都可以使用。除了语言之外，也可以用肢体语言、实物和行为去肯定孩子。肯定的次数多了，就会对孩子的心理产生强化，使他更愿意朝着你肯定的方向努力。

# *07*

## 共情：关注孩子的感受，与之产生情感链接

    沟通中始终离不开情绪的作用。允许帮助我们管理好自己的情绪，述情帮助我们表达出自己的情绪，而共情帮助我们关注和接纳孩子的情绪。这其中尤其是共情更为重要。因为每个人都渴望被"看见"，2~6的幼儿更是这样。当孩子的感受被关注、被接纳、被肯定，内心那种温暖的感觉会让他更信赖父母，并愿意听从父母的引导和建议。

# 沟通变成说教，只因缺乏共情能力

在沟通中，如果说有一条迅速到达对方内心的捷径，那一定是共情。

在巴黎的地铁上，有一个流浪汉在歇斯底里，周围的人谁都不敢接近他。这时，一个心理医生走上前轻轻地抱住他。开始这个流浪汉还拼命挣扎，但渐渐地，他安静下来，并用手缓缓地抱住了心理医生。

拥抱代表着共情，代表心理医生看到并愿意去抚慰流浪汉内心的脆弱，这让流浪汉感到温暖，因此他安静了下来。所以，共情可以迅速拉近彼此的距离，软化他人的内心，让难以解决的矛盾和冲突得到缓解。共情给人温暖，而不含共情的沟通则会显得冷冰冰，或多或少会给人带来伤害。

孩子走路不注意，摔了一跤，大哭。你教训道："跟你说过多少次了，走路要小心，跑那么快干吗？看看，现在摔跤了吧。"

孩子一听，哭得更厉害了。

父母教育孩子走路要小心，当然是正确的。但是此刻孩子最需要的不是得到教育，而是得到安慰。但是父母没有看到这一点，反而"骂"孩子"活该"——看看，不听我的话，就是这样的后果。孩子能不哭得更厉害吗？很显然，这种父母缺乏共情能力，而缺乏共情能力的父母很容易把沟通变成说教。

只用对错衡量孩子言行的父母也是这样。

"不准吃零食！"

"为什么？"

"因为刚刚吃过晚饭，马上吃零食不利于消化。还有，吃零食是个不好的习惯，最好戒掉。"

"可是我就是想吃。"

"不准吃！"

父母根本就不去询问孩子吃零食的原因和关注孩子想吃零食的心情，只是一味用大道理压孩子，这肯定会遭到孩子的反感。这种父母没有关注孩子感受的意识，显然缺乏共情能力。

不是说不可以教育孩子对错，而是不能只关注对错，不关注孩子的感受。因为人是情感动物，在生存没有受到威胁时，情感需求是第一位的。

网上流行这么一个段子。女：亲爱的，我感冒了。男：多喝水。女：我肚子疼。男：多喝点热水。女：我胃疼。男：喝点热水就好了。女：我们分手吧。

这里的男生不懂共情就只会说"正确的废话"。谁不知道在感冒的时候要多喝水，此刻女孩需要的不仅仅是对自己身体的关心，更是情感上的关怀。所以，缺乏共情的沟通会渐渐让对方失去和你继续沟通的欲望，最终导致情感的疏远。

我有一个朋友吐槽她的老公。她对老公说："最近工作太忙了，腰酸背痛的，真有点吃不消了。"老公说："想想老了多

可怕，所以人要结婚，就是为了老了能互相照顾。"我朋友听了差点说脏话，再也不想和老公说一个字。因为此刻她想听到的话是："你辛苦了。不过虽然辛苦，但工作上取得了成绩，你心中也很开心吧。至于身体上的劳累，我给你按摩一下就好了。"

这样的表达肯定了老婆的价值，安慰了老婆的情绪，最后还帮老婆缓解了身体上的劳累，是高度的共情，会让老婆感到非常温暖。而这位老公的表达则完全是缺乏感情色彩的正确的废话，会让人瞬间失去沟通的欲望。

和孩子的沟通也是这样。如果我们只会用"正确的废话"来教育孩子，孩子也会渐渐失去和你沟通的欲望并产生距离。虽然幼儿无法像成人那样离开你，也无法像大一点的孩子那样辩驳你，但也会在情感上与你产生隔阂。比如你说你的，他做他的；既不辩驳，也不听你的。随着年龄的增长，他会在你面前变得越来越沉默。这个时候我们以为他叛逆了，其实他只是不想和我们交流。

心理学家李雪写过一篇文章，题目叫《最顶级的教育，来自不教育任何是非对错》。意思是说，好的教育是对孩子讲情，而不是是非对错之类的大道。因为讲情就是让孩子学会与他人共情，明白凡事要照顾他人的感受，不伤害他人，如果孩子能做到这些，他还会犯那些小错和大错吗？因为凡是错误都会伤害他人。所以，教育孩子关注别人的感受，孩子会自动明白是非对错。我自己是这样理解这个观点的：教孩子讲情是让孩子明白是非对错的一个非常好的途径。让孩子成为一个有温度的人，而不是一个只懂得是非对错的冰冷的机器。

与孩子共情，给孩子好的共情教育，不仅是父母与孩子产生情感链接的有效途径，更是在教孩子如何与他人产生情感链接和建立和谐的人际关系。

同时，能够与孩子共情的父母是孩子闯荡生活的坚强后盾。孩子走出家庭后，比如在幼儿园里，更多是以对错的标准来要求他们，其他人也不一定能时刻关注他们的感受，所以父母是否理解和在乎他们的感受对他们来说特别重要。父母若能够与他们共情，就能够稀释他们的委屈；若无法与他们共情，就会加重他们内心的痛苦。

无论是倾听还是表达，若没有共情参与其中，都无法产生很好的效果。同时，共情让情绪管理和允许变得更容易。当父母时刻把孩子的感受放在第一位时，就不大容易对孩子发脾气或对孩子过于严苛了。

有个词语叫作"通情达理"，通情为什么要放在达理前面，不仅仅是一种表达习惯，更是因为通情是达理的途径，只有先通情才能做到达理。当父母照顾孩子的感受时，孩子感受到了快乐，这时，他也想让父母快乐，于是他主动把地上的玩具收了起来，而不用父母催促训斥。这就是李雪说的，当你与孩子讲情的时候，孩子自动学会了讲理。

# 觉察、关注和接纳孩子的情绪

### 觉察孩子的情绪

共情是一个循序渐进的过程，首先要能够觉察到孩子的情绪。因为不是每个幼儿都会把情绪表现出来，也不是所有情绪的表现方式都是号啕大哭或歇斯底里，所以不够细心的父母可能觉察不到孩子的情绪，那就失去了与孩子共情的机会。所以，父母要经常留意孩子的情绪状态。

一般情况下，当孩子出现一些反常表现时，就有可能是心中有情绪了。例如，突然不说话了，你让他做什么他都不配合，平常某件事做得很好突然不好好做了，都有可能是因为心中有负面情绪了，甚至有可能是对父母起情绪了。这时我们就要及时捕捉到孩子的情绪，并给予关注。如果觉察不到孩子的这些行为是因情绪而起，就有可能无法理解孩子的这些行为，从而造成沟通中的障碍和冲突。

对于一些情绪不外露的孩子，更要多留意他们的行为。几乎没有任何一个人有了情绪却能丝毫不影响他们的行为，尤其是幼儿，更难完全隐藏。所以，只要父母足够细心，总能觉察到孩子的情绪。特别是当孩子在外面受了伤害又不愿意说时，就更需要父母觉察到他们的情绪了。

### 关注孩子的情绪

在觉察到孩子有情绪后，一定不能无动于衷、不闻不问，而要及时关注他们的情绪。关注的最好方式是询问："怎么了？看你的样子好像不开心啊。""你好像有点生气？是因为什么呢？"用温柔的询问引导孩子说出他此刻的感受。当孩子回答你的询问时，你要耐心倾听，不要随便发问和发表评论，也不要轻易对孩子指指点点。此时，不但语言上要关注孩子的情绪，行为上也要关注，要坐到他的身边，或者抱着他、看着他、听他诉说。

接纳孩子的情绪

接下来，就要无条件接纳孩子的情绪了。比起觉察和关注孩子的情绪，父母更难做到的是接纳孩子的情绪。你这样面对过孩子的情绪吗？

情况1：孩子哭闹，你烦躁地大声训斥："哭，哭什么哭！闭嘴！"

情况2：孩子无精打采地坐在那里，你瞥了一眼说："坐在那里干吗？练琴去！"孩子不吭声。你又说道："小孩子家，天天无精打采的，一点活力都没有。"

情况3：孩子被另外一个小朋友打了，哭得非常伤心。你教育道："男子汉大丈夫哭有什么用，打回去呀。"

情况4：孩子在幼儿园被老师批评了，觉得很委屈，回家后告诉你。你说道："老师不会无缘无故批评你的，批评你肯定是因为你犯错了。"

在这几个场景中，父母都没有接纳孩子的情绪：你不能

哭，你不能无精打采的，你委屈是不对的。父母为什么不能接纳孩子的情绪呢？第一，负面情绪会给父母带来困扰，让父母感到烦躁，比如第一种情况。第二，有些父母认为人不该有负面情绪，尤其是男孩，有负面情绪是不够健康和软弱的表现，比如第二种和第三种情况。第三，父母不关注孩子的情绪，只关注事情，比如第四种情况。

可是，当情绪不被接纳的时候，沟通的大门就被关闭了。因为情绪是孩子的一部分，否定孩子的情绪就是在间接否定孩子。谁会愿意和否定自己的人沟通呢？有情绪就是孩子的心理生病了，我们能够接受孩子生理上生病，为什么不能接受孩子心理上生病呢？

所以这里需要具备一个认知，就是产生情绪的原因可能有对错，但情绪没有对错，它就是一种客观存在，对于客观存在的事物我们唯有接受。就像孩子胡乱吃东西拉肚子了，拉肚子没有对错，乱吃东西才是错的。但你会因此不允许孩子拉肚子吗？你肯定会先带孩子看病，之后再教育孩子别乱吃东西。这个也是先接纳。

那么具体如何接纳孩子的情绪呢？一是允许孩子发泄情绪，如允许孩子哭泣、诉说、沉默不语甚至摔东西；二是用肢体语言去接纳，如拥抱孩子、替孩子擦掉眼泪等，用身体语言和动作行为去安抚孩子的情绪；三是用语言去平复孩子的心情："如果你觉得很伤心，那就哭吧。" "如果你此刻很生气，那就跟妈妈发发牢骚。"

注意，此时先不要讨论事情，先关注孩子的情绪。因为人在情绪低落的时候是没有心理能量处理事情的。这个时候孩子最需要的是得到安慰，让情绪平复下来，恢复心理能量，然后再来谈发生了什么、如何解决。

接纳孩子的情绪就是不管孩子此刻是什么情绪，用什么方式表现出来，不管事情的真相怎样，产生情绪的原因是什么，孩子是对是错，先接纳他此刻的感受，通过接纳让他的负面情绪消失。

关注和接纳孩子的情绪其实就是"看见"孩子的内心，看见的力量是巨大的，看见和关注会给孩子带来存在感和满足感。在这种情况下，他才有可能和父母分享他的感受及遇到的事情，那么沟通的大门才有可能打开。

## 肯定孩子产生情绪的原因

接纳和安抚了孩子的情绪后，孩子的心情渐渐平静下来，但这只是共情的开始。接下来，我们需要了解孩子为什么会有这样的情绪，究竟发生了什么事情让孩子如此生气或伤心。所以共情的第二步是了解孩子产生情绪的原因，并肯定孩子产生情绪的原因。

了解孩子产生情绪的原因

了解孩子产生情绪的原因一定要用引导的方式。

"现在心情好点了吗？究竟发生了什么事情让你这么不开心？愿意和妈妈说说吗？"

"没关系，不管发生了什么事情，妈妈都不会责怪你的。"

"让妈妈来猜猜，是不是在幼儿园和小朋友打架了？还是……被老师批评了？"

"如果你现在还不想说，没关系，等你想说了再告诉妈妈。"

总之，用各种方式引导孩子和你沟通。这个时候一定要有耐心，千万不要急躁地催促孩子："为什么哭，快说，因为啥？"这只会让孩子的心情更糟糕。

有时，不但要听孩子说，还需要给老师、同学或其他家长打个电话，全面了解究竟发生了什么事情，为接下来进一步的沟通做准备。但要注意，这个过程不仅仅是了解事情，更是了解和体会孩子因为这件事情产生的感受，以及产生这些感受的原因。但最重要的是肯定孩子产生情绪的原因。

肯定孩子产生情绪的原因

幼儿的感觉和认知与大人不同，我们觉得完全不值得伤心和难过的事情，孩子可能非常伤心和难过。这就造成了有时我们无法接受孩子产生情绪的原因。

孩子的玩具被其他的小朋友拿走了，我们可能会说："这有什么好难过的？明天妈妈再给你买一个不就可以了。"这样的话看似安慰，其实是一种间接批评，意思是说孩子的心眼太小了，为这点事小题大做。那么这样的安慰不但无法安抚孩子的情绪，反而会让孩子再次起情绪。因为幼儿对自己的东西占有欲比较强，延迟满足能力也还没有发展起来，明天买并不能满足他此刻的需要，而且明天买的那个也不能完全代替今天那个。所以，这件事足以让他感到难过。

产生情绪的原因是人对事物的认知，但对于2~6岁的幼儿来说，他们对事物还没有理性的认知，大多时候都是凭感性去判断事物，所以在这个阶段和他们谈"值不值得生气或难过"没有什么用。就算他们以后逐渐有了理性的认知，我们也不能简单地否定他们产生情绪的原因，因为我们不能以大人的认知去衡量孩子的认知。成人之间的沟通也是如此，如果想让一个人改变认知，一定要他主动去改变，而不是由别人通过否定他的情绪强迫他改变。即便你接纳了孩子的情绪，但不接纳孩子产生情绪的原因，依然会让孩子有一种不被理解和认同的感觉，那么也难做到真正的共情。

那么如何肯定孩子产生情绪的原因呢？并不是简单地说"你因为这件事生气是对的，你就应该生气"。这就又简单地归为错对了，而是要肯定孩子起情绪的因果逻辑。

"他把你的玩具拿走了，那是你的玩具，他怎么可以拿走呢？而且你现在也不能玩了。所以你感到很生气、很难过对不对？"

"你和其他小朋友打闹的时候碰倒了课桌，但老师只批评

了你，没有批评其他同学，你感到不公平，所以觉得很委屈，是吗？"

通过这样的询问找到孩子起情绪的因果逻辑，并接纳这样的因果逻辑。同时用准确的语言描述孩子的感受，描述得越准确，孩子越有被理解的感受。比如：

这件事是不是让你很生气？

老师那样做是不是让你觉得很委屈？

没拿到第一名你是不是感觉很失落？

你是不是担心明天老师会批评你？

现在你是不是后悔自己没有那么做？

在描述孩子的感受时，尽量用询问的口气，这样做一是引导孩子与你交流，二是通过询问确认自己的描述是否正确。即使说得不够准确，也可以得到孩子的纠正。

如果描述得足够准确，孩子给你了肯定的答复，那么你可以接着说：

"妈妈理解你，如果妈妈是你，可能也会生气。"

这样说，是因为所谓共情就是从情感上与孩子站在同一方，从情感上支持孩子，这会使孩子的负面情绪再次得到释放。不过在这个过程中，孩子也可能会有不配合的情况，你问什么，他都不回答，或者反驳你的说法。这个时候，父母要有更多的耐心，不要一直追问，给孩子一点时间。有的孩子内向又敏感，不想被你戳破心事，这个时候不妨装糊涂，看破不说破，这也是一种共情。

总之，这一步就是接纳孩子的各种情绪状态，让他彻底放松。这样，接下来他才能把注意力转移到事情上，才能心平气和地与你谈事情，接受你的建议。

## 启发孩子思考事情或理解他人

共情的根本目的是什么？仅仅是告诉孩子"妈妈理解你，支持你，永远和你站在一起吗"？如果共情到这里就结束了，就会让孩子认为"这是一个非常爱我，但没有什么原则的妈妈，因为不管发生什么事她都支持我"。这样的共情只能让孩子快乐，却不能让孩子成长。

肯定孩子起情绪的原因是说，站在孩子的角度，这个逻辑是站得住脚的，所以我们应该接纳或允许。但不代表我们完全认同这个逻辑。对于2~6岁的幼儿来说，他的因果逻辑肯定是幼稚的、以自我为中心的、缺乏同理心和理性思考的，需要父母为他做适当的调整。当孩子的情绪平稳下来以后，我们就要着手帮助孩子解决这一部分问题——引导他去思考事情本身和理解他人。也就是说，父母从与孩子共情，变为引导孩子与他人共情。

例如，孩子的玩具被别的小朋友拿走了这件事。

"你觉得他为什么要把你的玩具拿走？"

"可能他喜欢那个玩具。"

"如果你也特别喜欢某个小朋友的玩具，你会把他的玩具拿走吗？"

"也许会。"

"那你现在了解那位小朋友的心情了吗？他可能太喜欢你这个玩具了，只是他的做法不太对。"

"了解了。"

"那你现在还生气吗？"

"不那么生气了。"

再比如孩子被老师批评这件事："你们老师以前随便批评过其他同学吗？"

"没有。"

"随便批评过你吗？"

"也没有。"

"那你觉得老师今天只批评你而没有批评其他同学，有可能是什么原因？"

"可能他当时只看见我碰倒了桌子，没看见其他同学追我。"

"那你还认为老师批评你是故意针对你吗？"

"不是。"

"那你现在还委屈吗？"

通过这样的引导和启发，让孩子自己理清楚事情的真相，同时推翻自己产生情绪的逻辑，那他的情绪自然就消失了。这里要注意，起情绪的逻辑一定要被孩子自己推翻，而不是父母来推翻，因为上一步我们刚刚肯定孩子起情绪的逻辑，这一步如果马上推翻，难以让孩子信服。让孩子自己推翻自己起情绪的逻辑，他的负面情绪才能真正消失。

即便是成人，在情绪激动的时候也很难理智客观，这时，即使潜意识里有客观事实的存在，主观上也会忽视，并为自己的情绪寻找合理的理由。幼儿更是如此。所以共情的目的就是帮孩子赶走负面情绪，让他的心情平静下来，这时父母的引导和启发才会产生作用。

具体如何引导孩子去思考事情和理解他人呢？可以从以下几方面来进行。

用提问的方式启发孩子思考

为了让孩子自己推翻自己起情绪的逻辑，就必须启发他去思考。因为人在大多时候，更相信自己的判断，哪怕是幼儿。如果这个判断是他自己一步步理智思考得来的，而不是别人硬塞给他的，他就更容易接受。通过启发孩子思考，还可以训练孩子的思考能力以及遇事主动、冷静思考的习惯。

启发的方式就是提问。用问题抛出引子，让孩子给你答案。孩子要回答你的问题，就需要重新去思考，去琢磨他人的想法和需求，而不是一味地陷在自己的感觉和认知里，最终从狭隘的思维空间里走出来。提问的内容要看孩子的情绪纠结在

哪里，哪里纠结，就从哪里入手。

引导孩子从对方的角度思考问题

为了帮助孩子彻底解决掉负面情绪及帮助孩子成长，我们在提问的时候可以引导孩子从对方的角度思考问题。幼儿之所以特别容易有负面情绪，就是因为他们的全能自恋感和自我中心化比较严重，他们不具备从他人的角度思考问题的能力，我们可以引导他们，培养他们的同理心和共情能力。不仅我们要与孩子共情，孩子也要从小学会与他人共情。有共情能力的孩子，会更容易接纳他人，也就不会因为他人的一些言行轻易产生不快的情绪。

我们可以这样问：

"你觉得他为什么要把你的玩具拿走？如果是你，你会拿走这个玩具吗？"

"老师平常喜欢批评小朋友吗？"

"你觉得他为什么能当第一名？"

"你觉得他为什么打你？如果是你，你会打人吗？"

这些问题都是引导孩子站在他人的角度思考他人的想法或需求，看到他人的优点和长处，引导他们多看看别人，而不是只看到自己，从而使他们从狭小的自我里走出来。

引导孩子从事情的其他角度思考问题

许多事情如果换一个角度去看可能就不会烦恼了，幼儿还没有这样的思维，我们可以引导他们这样思考。

"他把你的玩具拿走了？太好了，你可以拥有新玩具了！明天妈妈就给你买。"

"老师只批评你而没有批评其他同学？你看，老师也不是神，也不是每次都是对的，就像妈妈有时也会批评错你，你能像原谅妈妈那样原谅老师吗？"

凡事都有利弊，凡事都可以从多个角度去思考，换个角度去看，就会得到不同的答案，就会让自己的心情立刻得到转变。引导孩子从小具备这样的思维，不但可以安抚他们当下的情绪，还可以使他们成长为一个豁达乐观的人。

启发孩子去思考，其实就是让孩子瓦解掉他起情绪的逻辑，让他认为自己生气或难过是没必要的。同时，让孩子成长为一个能够冷静思考和具有共情能力的人，这样的孩子是非常容易沟通的。

## 引导孩子解决事情和关注未来

在引导孩子思考当下，从思想上做出转变之后，接下来就要引导孩子从行为上发生转变，并关注未来，也就是关注事情的解决方案和思考未来。如果是自己做错了事情，如何去弥补？如果是别人做错了，自己如何不用别人的错误惩罚自己——产生过于强烈的负面情绪。

### 引导孩子解决事情

引导孩子从小为自己的行为负责，这是非常好的成长，如何沟通呢？仍然是用提问的方式，引导孩子自己想出解决办法，并愿意主动去实施。

例如，孩子弄坏了邻居家小朋友的玩具，小朋友生气打了他，他哭得很伤心。我们先接纳他的情绪，肯定他产生情绪的原因，并启发他从对方的角度思考问题，让他明白小朋友打他是因为心爱的玩具被他弄坏了，一时气愤。然后，我们再引导他如何解决这件事情。

"现在小朋友的玩具被你弄坏了，他一定很伤心，你觉得怎么样他才能不伤心呢？"

"要是再有一个那样的玩具他就不伤心了。"

"他怎么样才能再有一个那样的玩具呢？"

"让他妈妈给他再买一个。"

"他的玩具不是他妈妈弄坏的，让他妈妈买好像不太合理哦。"

"那我给他买一个吧。"

"你用什么给他买呢？"

"用我的压岁钱。"

如果孩子说："我没钱给他买。"

那么父母可以说："妈妈给他买一个，明天你送给他好吗？"

在我们的引导下，孩子自然而然地说出了解决方案，并愿意去实施，没有一丝勉强。如果不是经过共情和引导，而是直接命令孩子："你把小朋友的玩具弄坏了，把你的压岁钱拿出来赔给他！"那么孩子一定会非常抗拒。如果有共情，但没有引导孩子自己想出解决方案，而是父母直接告诉他怎么做，他可能也不会那么配合。所以这个引导的过程非常重要。在这个过程中，共情始终贯穿其中，父母与孩子共情，孩子与他人共情。因为共情，不仅父母管理住了自己的情绪，孩子的负面情绪也消失了，双方都能够在心平气和的情况下沟通、思考，那么不管发生什么事情，都能得到较好的解决。

引导孩子总结经验教训

如果孩子并没有做错什么，却因此事产生了非常大的负面情绪，那么我们除了用前三个步骤让孩子的负面情绪消失外，还要引导孩子总结经验——下一次再有类似事情发生该如何应对，怎样才能让自己不产生负面情绪，怎样才能做得更好等，也就是引导孩子不仅要关注当下，还要关注未来的自己。

"今天小朋友把你的玩具拿走了，你感到很生气，下次如果再遇到类似的事情，你还会这么生气吗？"

"我可能不会像今天这么生气了。"

"那你会怎么做？"

"我会告诉他，如果他喜欢这个玩具，应该让他妈妈给他买，而不应该拿我的，这样做是不对的。"

"那你会拿其他小朋友的玩具吗？"

"我不会，因为我知道这样做其他小朋友会伤心的。"

当沟通进行到这一步时，你会发现孩子的思维有了飞跃的进步：开始，他是个只知道生气、哭闹、闹情绪的孩子，现在，他有了冷静、理智、更加成熟的思考，而这都是因为父母与他进行了共情式的沟通。

消除了孩子的负面感受，解决了当下的事情，还引导孩子理解了他人和关注了未来，这才是一次圆满的共情式的沟通。你会发现，共情让你与孩子之间的沟通变得容易了许多。

在这个过程中，虽然我们一直在强调共情，但并没有忽视"理"，理一直蕴含在情中，孩子在不知不觉间接受了你的道理。因为你疏通了他的情感，所以最终你也带着他到达了"理"。所以说通情的孩子更讲理，通情的孩子不需要刻意地讲理。

愿所有的父母和孩子都能够用共情式的沟通走进彼此的心里。